跟乐嘉学
性格色彩
II

乐嘉◎著 张伟迪◎绘

中国华侨出版社

图书在版编目（CIP）数据

跟乐嘉学性格色彩 . Ⅱ / 乐嘉著；张伟迪绘 . — 北京：中国华侨出版社，2017.1

ISBN 978-7-5113-6462-3

Ⅰ . ①跟… Ⅱ . ①乐… Ⅲ . ①性格—通俗读物 Ⅳ . ① B848.6-49

中国版本图书馆 CIP 数据核字（2016）第 260456 号

跟乐嘉学性格色彩 . Ⅱ

著　　者 / 乐　嘉
绘　　者 / 张伟迪
出 版 人 / 方　鸣
出 品 方 / 方格时代　云策文化
责任编辑 / 付改兰
出版统筹 / 王　静
策划编辑 / 阮　芳
经　　销 / 新华书店
开　　本 / 700mm×1000mm　　1/16　　印张 / 18　　字数 / 320 千字
印　　刷 / 天津市银博印刷集团有限公司
版　　次 / 2017 年 1 月第 1 版　　2017 年 1 月第 1 次印刷
书　　号 / ISBN 978-7-5113-6462-3
定　　价 / 39.80 元

中国华侨出版社　北京市朝阳区静安里 26 号通成达大厦 3 层　　邮编：100028
法律顾问：陈鹰律师事务所
发行热线：（010）58408902
网址：www.oveaschin.com
E-mail:www.oveaschin@sina.com

contents 目录

| 目录 |

序　言

从别人的故事里看见真实的自己

《跟乐嘉学性格色彩Ⅱ》是《跟乐嘉学性格色彩》的第二本。迄今为止，我自己一共写了11本书，同时还主编了《色界》系列。每当遇到一位新朋友，提到看过的性格色彩书籍，当我问到是具体哪一本时，令我惊讶的是，大约有一半的朋友，都提及了《跟乐嘉学性格色彩》，理由是"轻松、好玩、一看就懂"。

《跟乐嘉学性格色彩Ⅱ》继续了《跟乐嘉学性格色彩》的样式与风格，用分格漫画＋短小精悍的文字，讲述了性格色彩的基本原理，并刻画出一幕幕现实生活中常见的场景，以及不同性格的人在同一场景下不同的反应。由于采用了漫画与文字对半开的形式，大大降低了阅读的难度，让从未接触、了解过性格色彩的朋友也可以轻易上手，是一本真正意义上的入门工具书。

我愿意用三个词语来形容这本新书。

第一个词是"解药"

这本书的创意来自于我曾经做过的一档节目：深圳卫视的《夜问》。顾名思义，这档节目就是为了讨论问题而生的。2013年一年的时间里，我跟许多明星、普通百姓一起，在节目里以聊天笑谈的形式，直面了无数问题。从婆媳妯娌间的八卦笑谈，到人在江湖的是是非非，问题在我们的生活中无处不在。不妨试想一下，从你每天睁开眼睛想到的第一个问题，到晚上闭目睡去之前想到的最后一个问题，每天在你大脑中如野马般奔跑而过的问题有多少？每天堆积在大脑中的问题没有答案，足以引发焦虑，沉积成挥之不去的负能量。如果有一个工具，可以帮助你快速地分类整理，迅速让你看到不同问题的背后，其实源于人性中最基本的几个方面，对于日趋浮躁的世态而言，无异于一帖解药。

第二个词是"游戏"

在性格色彩线下培训中，类似这本书里的一个情景四种反应，是以角色扮演的方式来完成的。人们普遍而共通的心理，是羡慕他人比自己过得好。在性格色彩学中，每个人有一种到两种主要的性格色彩是天生的，决定了我们做事情最主要的出发点、核心的需求与动机。我们一生中所有的痛苦与挫败、光荣与幸福都与我们的主要的性格色彩有关。由于性格的局限，我们很少能走出自己的内心世界，真正综览全局，看到他人心里是怎么想的，更少有机会能以另一种性格类型者的思考方式来思考问题。因此，性格色彩课堂提供的这样一种游戏的场景，意义殊为深远。它能帮助我们脱下面具，放下固有的思维观念，以娱乐的心态投入扮演，穿上别人的鞋子走上十几里路。作为读者，虽然你还未有机会走入课堂，却也不妨借着书中图文结合的生动描绘，乘着想象的翅膀，来游戏一把，体验四色的人生。

第三个词是"钻石"

这本书就像一颗钻石，每一个切面就像一面小小的镜子，帮你照见真实的自己。一颗熠熠生辉的钻石有大约六十个切面，这本书除了开篇的性格色彩基本介绍之外，还有五十三个小节，每个小节针对一个具体而微的问题，诸如"什么性格色彩的父母会逼着子女相亲""不同性格色彩面对'背黑锅'时的不同反应"不同性格色彩的孩子如何管理好压岁钱"……当四种性格的反应都罗列在你面前时，你不但会发现自己更符合哪一种，更能清晰地看见自己在应对所有问题时的得失与局限。孔子说："述而不作。"因为孔子认为先圣贤哲的真实经历是最有力量和意义的，这本书也同样秉承了孔子的精神，对于人性，"述而不作"，只是把不同性格的人的真实反应从钻石的各个切割面中反射出来，让人自观、自察、自省，便已足矣。

我建议你以三种方式来享用本书。

第一种，顺读

也许你已经是性格色彩的拥趸，只是还没系统学习过红、蓝、黄、绿的性格特点与本质，或者你看过我之前的性格色彩作品，只是时日略久，对于四色的定义已经有些模糊了，又或者你只知乐嘉不知红、蓝、黄、绿四种性格色彩，第一次以此书入"色"门，那么不妨从书的第一章开始，接受性格色彩学的启蒙。这一章的内容，虽然远远比不上亲身参加性格色彩课程的体验，却也可以让你迅速对性格色彩是什么有一个快速的认知与了解。接下来的三章，你可以从情感、职场、生活这三个板块，看到一个又一个小故事，接受思维的碰撞。最后一章，是性格色彩实践中的精华，也是性格色彩四大核心内容中极为重要的一项——钻石法则。在线下的课程中，你需要历经基础和进阶这两个课程才能完全领略，书里给予的只是吉光片羽。

第二种，跳读

如果你已经系统学习过性格色彩，甚至对自己的颜色已经有足够的自我洞见了，只是想通过本书获得启发，撞见自己内心未知的某些答案，则不妨跳过开篇的性格色彩介绍，直切你最关心的话题。情感、职场、生活，每个类别下都有15—20个问题，对于纷繁复杂的现实而言，似乎太少，其实每个问题就如同一个药引子，可以由此引发你的思考，一通百通，让你看懂、想通之前没有通透的点，从而以点带面，打通你对人性的了解和人际关系的任督二脉。钻石法则这一章内容不多，却点到了工作、家庭等多个方面，假如你正好有这些问题，可以先拿去尝试，解决当下的困惑，回头再来融会贯通，深入学习和掌握这套工具。

第二种，随读

全书一半漫画，一半文字，只要随手一翻，就能看见一则有趣的漫画情节，如果你学习或工作忙碌，或者早已没有了细细阅读的耐心，完全可以随手一翻，花两三分钟的时间，浏览一则漫画，在发笑的同时，自然也会有所思考。每个性格色彩的案例故事均包含四色性格对该事件的反应，整体呈平行碎片化结构，一个小碎片便能映照出四色之差异，让你瞥见书中精义。如果你家有小孩或老人，也可以翻开一页漫画，与他们一起分享。用最轻松随意的方式，完成对性格色彩的学习。

从每一个小情境里，看到自己真实的人生。愿这本书打开你对性格色彩认知的大门，看见门里彩色的风景。愿你我活得真实而美好。

想知道自己是什么颜色吗？

　　扫描底部二维码，参与"性格测试"，即可当场完成免费的"性格色彩大众版简易测试"。

　　请注意，本测试仅做性格色彩入门了解所用，性格色彩工具的真正掌握和自我性格的深刻认知需要到不同阶段的研讨会学习。

第一章
领取你的性格色彩

1

红色性格

红色性格人生的目的在于对快乐的无限追求，做事情的绝大多数动力来源于快乐和对于无限自由的向往和追寻。

红色性格是热情和充满阳光的人，自己到哪里，快乐的种子必定散布到哪里。红色性格不喜欢那种很少与人交流的工作，他们需要和别人相处，对孤独却恨之入骨。他们的注意力专注在新的人、事物或者观念上，他们对新人或者新事物展现的可能性保持着强烈和多变的幻想。

因为红色性格喜欢幻想，又因为他们富有表现力，因此投身于演艺圈大军中的不少是红色性格。他们希望一直受到人们的关注，体验具有变化的、不同的民俗风情，在被一群人鼓掌喝彩的情况下，他们能够产生高度的亢奋和工作激情。

红色性格似乎天生就有忽略生活中无趣部分的能力。他们喜欢那些有趣的可爱的东西，本性中他们更愿意与人群互动超过独处。在聚会上或人群多的场合中，他们天性积极热情的特点就会散发出来，这都缘于他们在内心总是希望得到别人的欣赏和认可。

红色性格铺天盖地的兴趣会让他们时刻充满着不同的人生追求，就像他们的朋友一样多。他们会突然沉迷于某件新兴趣或事物，并且无比投入，不过一段时间以后可能就会转移，这样他们的繁杂事物就会越来越多。当然，大多数事情可能他们永远不会去理睬，如果红色性格重新拾回某个事情、特长，而且偶尔拨弄几下，那么，这就是来炫耀自己会玩这个把戏兼或表示怀一下旧。

红色性格做任何事总是希望努力创造童话故事般的结局，在红色性格决定要去行动时，他们会充满壮志豪情，并运用他们的爆发力狂干一阵。然而如果没有快速的成功回馈，没有足够的欣赏和外部鼓励，就会很容易放弃，并找到借口立即转移到另外一个目标，以此来回避众人可能的质问："为什么你在这个事情上没有取得你要的成就啊？"

红色性格太需要别人的关注，他们与黄色性格一样，希望别人以自己为中心，不同之处在于：红色性格并非希望能够控制你，只不过希望周围的人最好都能围绕着他的喜怒哀乐而已。红色性格会为了一点点的赞美欣喜若狂，也会因为一点小小的挫折和旁人的批判而沮丧到底，即使批判者与他毫无关系，他们也是那么地希望能够得到所有人的认同。

一个健康红色性格善于表达、反应机智、表达时容易浮现出形象画面、善于鼓动和制造气氛，能用生动的语言来描述事情。健康的红色性格容易成为人们欢迎的对象。因为红色性格只喜欢谈论自己，很少听别人谈话，又由于他们的蜻蜓点水经常只能接触到事物表面，没兴趣和耐心进一步深入研究，给人一种肤浅不深的感觉进而形成了红色性格的过当表现。

典型的红色性格像个永远长不大的孩子，时刻给人肤浅、难以托付重任的感

红色性格

红色性格人生的目的在于对快乐的无限追求，做事情的绝大多数动力来源于快乐和对于无限自由的向往和追寻。

红色性格似乎天生就有忽略生活中无趣部分的能力。本性中他们更愿意与人群互动超过独处。

红色性格是热情和充满阳光的人，自己到哪里，快乐的种子必定散布到哪里。

红色性格铺天盖地的兴趣会让他们时刻充满着不同的人生追求，就像他们的朋友一样多。

红色性格喜欢幻想，又因为他们富有表现力，因此投身于演艺圈大军的不少是红色性格，他们希望一直受到人们的关注。

典型的红色性格像个永远长不大的孩子，时刻给人肤浅、难以托付重任的感觉，总是把注意力集中在自己比他人优越的特质上，让自己活在美丽的梦幻中。

觉，总是把注意力集中在自己比他人优越的特质上，让自己活在美丽的梦幻中。因为他们无休止地追求人生丰富的宽度体验，从而忽略了深度体验的追求。与此同时，他们总是可以很快找到捷径，他们并不认为"吃得苦中苦，方为人上人"，既然有捷径可以走，何必那么辛苦地去走远路呢？

2

红色性格的优势

红色性格发明了飞机，蓝色性格发明了降落伞；红色性格发明了游艇，蓝色性格发明了救生圈；红色性格建造了高楼，蓝色性格生产了救火栓；红色性格发射了飞船，蓝色性格办了保险公司。

如果说黄色性格的积极人生是因为他们天性中的"不服输"，那么红色性格人生的积极，更多是因为他们"对于人生快乐和自由的无限向往"。

红色性格以喜悦的人生态度拥抱每一件事情。健康的红色性格能从每件事情中看到美好的一面，即使是他们不理解的事物。他们对生命抱以开放和接受的态度，因而也拥有更加丰富和饱满的人生体验。

如果说黄色性格更注重生命中的成就；蓝色对于自己要做的事情会小心合理地设定；绿色性格因为喜欢稳定，故不冒风险而安于现状；那么，红色性格则更加看重人生的体验、体验、体验！

红色性格优势

红色性格发明了飞机，蓝色性格发明了降落伞，红色性格建造了高楼，蓝色性格生产了散火栓。

如果典型的蓝色性格秉持的是"人生得一知己足矣"的哲学，红色性格内心则更加宁愿"普天之下，莫非我友"的态度。

普天之下

莫非我友

红色性格以喜悦的人生态度拥抱每一件事情。

不开心，就算长生不老也没用；开心，就算只能活几天也足够。

开心最重要

人生在世

如果是典型的蓝色性格秉持的是"人生得一知己足矣"的哲学；红色性格内心则宁愿是"普天之下，莫非我友"的态度。

红色性格的优势也体现在销售行业，红色性格的销售人员早期上手很快，因为他们的人际关系富有宽度，能很快地建立自己的销售网络，因为"普天之下，莫非我友"；而蓝色性格在早期则会开拓不力，是因为他们在建立人际关系的宽度上有困难，他们的人际关系呈现出窄而深的路径。

虽然红色性格也会被一些事物困扰，但他们对自由的强烈渴求，可以本能地分辨出包袱并毫不犹豫地甩开它。这正应验了《大话西游之月光宝盒》中的台词"不开心，就算长生不老也没用；开心，就算只能活几天也足够。"

红色性格对于快乐的向往，让他们可以用童心来欣赏一切，这种生活态度和哲学，将使他们不会复杂化。他们最懂得享受生命，不管他们从事的是什么，即便正在苦干，也显得似乎乐在其中，他们过日子秉持的信心就是——最好的还没有到来。

感染力是"让他人心动"的能力，影响力是"让他人行动"的能力。感染力更多是红色性格的特点，而影响力更多是黄色性格的特点。

红色性格比其他性格更容易改变，无论主动还是被动，因为他们喜欢新思想、新事物，还因为他们能从变化过程中得到无限的乐趣，由于这个世界的变化是无穷的，所以他们能够一再地经历这种狂喜。

3

红色性格的局限

红色性格希望别人能接受自己的全部，当发现别人不能接受时，就会觉得受到打击，便容易迅速消沉。

正是因为红色性格的反复无常，所以跟红色性格打交道时，你需要适应他们的灵活多变。而红色性格在没有碰得头破血流前，是不会意识到自己的情绪化带给他们自己的真正伤害的。

一个内心真正有力量的人，是不会经常感受到愤怒的，而被无力感侵蚀的红色性格却常会被激怒。

红色性格很有可能名闻天下，但因为他们性格中的不稳重和不成熟，通常少有红色性格成为权倾天下的领袖或产生达到位高权重的影响力。他们本身对于快乐自由的向往，远胜过权力的角逐和力量的抗衡，就算对后者有兴趣，那他也会很快就被这场意志力的斗争击垮。

红色性格的局限

红色性格希望别人能接受自己的全部，当发现别人不能接受时，就会受到打击，便容易迅速消沉。

红色性格不喜欢生命被约束，因此内心里做事常常不规划而喜欢临时应变，并总用这样的说词：

车到山前　　必有路

因为红色性格的反复无常，跟红色性格打交道，你需要适应他们的灵活多变，而红色性格自己在没有碰得头破血流前，是不会意识到情绪化带给他们自己的真正伤害的。

很多红色性格非常有才华，而且急切地希望获得人们的掌声，但他们却不愿意投入时间和精力来赚取所要的赞美。

作为短跑的健将，他们总是无法到达长跑的终点。

一个内心真正有力量的人是不会经常感受到愤怒的，被无力感侵蚀的红色性格却常会被激怒。

红色性格的缺乏自控，实际上是和"容易原谅自己"与"不为自己的人生负责"紧密联结在一起的。

红色性格不喜欢被约束，因此做事常常不规划而喜欢临时应变，并总用"车到山前必有路"作为自我开脱的说词。

红色性格在刚开始时的出色表现和他们特有的魅力总能吸引一大群的人，然而只需要一点时间，你终会发现，作为短跑的健将，他们总是无法到达长跑的终点。

蓝色性格在等待自己心目中的人出现之前，会以巨大的耐心慢慢地筛选；而红色性格更愿意在情感的不断体验中，去寻求自己的真爱。

红色性格为了追求效果，说话总是夸张，在他们的语言中没有"比较级"经常都是"最高级"。

红色性格最容易学会走捷径，他们会把自己的半瓶醋不停地晃荡。许多红色性格非常富有才华，而且急切希望得到他人的认同和掌声，可惜他们不肯花更大的精力和幕后工作的勤奋代价，来获取更高的殊荣。

对红色性格来说，痛苦的心灵探索只放在他们应做事情的最后，他们更愿意随波逐流地漂浮，只要不堵塞就行了。他们喜欢新鲜的刺激，并且会随时抛弃沉重的承诺，只图一时的痛快。

由于红色性格的激情澎湃，他们比其他任何性格都能着手更多的计划，然而完成率却是最低的，这正是因为红色性格不能坚持。

对红色性格来讲，最困难的事情莫过于为他们自己担起责任。红色性格的骨子里面一直有一个想法，总会有人来负起照顾他们的责任。

红色性格缺乏自控，实际上是和"容易原谅自己"与"不为自己的人生负责"紧密联结在一起的。

很多红色性格幻想有一天困难会自动消失得无影无踪。这种充满不现实的幻想一旦成为他们的动力和支柱，将阻碍他们脚踏实地地做事。因为总是逃避痛苦，这意味着他们尤法从痛苦和挫折中学到更多东西。

4

红色性格的情感需求

红色性格需要"被给予"，他们需要别人的关注、赞扬和喜爱，他们渴望同时拥有这一切。他们也需要经常的互动和人与人之间的活动，否则会有很严重的压抑和不快乐感。如果你的伴侣是红色性格，那么下面的做法肯定能让你们的关系更和谐：

注视：坐下来，看着他们的眼睛，听他们说话。不要打断，也不要环顾四周，让他们倾诉完他们想说的话题。很多时候，他们需要的仅仅只是一个宣泄和说话的渠道而已。他们对于那些听他们耐心说完，且表现出极大兴趣的人，总是有很大的好感。

赞美：人们通常喜欢对他们说话的模式是"如果……，就会更好了"，这远不能满足他们的欲望，当你经常地肯定他们，他们会非常乐意和你相处。当他们把工作做得很好时，一定要尽可能地肯定和认可他们。

关爱：红色性格的内心渴望被爱，并且经常毫不掩饰地表达出来，就像孩子说"爸爸，请多爱我"。就像他们总是说"你还管不管我啦？"你大可放心，反复

红色性格的情感需求

红色性格需要"被给予"，他们需要别人的关注、赞扬和喜爱，他们渴望同时拥有这一切。

红色性格的内心渴望被爱，并且毫不吝啬地表达出来。

无论是孩子还是成人，红色性格似乎对肢体上的接触来传达友好和亲密情有独钟。

红色性格对于那些听他们耐心说完且表现出极大兴趣的人，总是有很大的好感。

当红色性格不能经常同朋友外出时，他们会觉得自己好像被关在笼子里的动物。

给你们俩计划一些特别的活动，能让你和伴侣一起出去走走。

当你经常地肯定红色性格，他们会非常乐意和你相处。

当他们把工作做得很好时，一定要尽可能地肯定和认可他们。

如果你自己就是一个红色性格。

如果你老是缠着你的伴侣不放，要他们来赞美你的话，你可能得到更多的厌恶。要时常提醒你自己，你的伴侣也有他自己的需要。

告诉他"你真可爱、聪明、有魅力、诙谐、有创造力……"对于类似表扬，他们永远都没有满足的时候。无论是孩子还是成人，红色性格通常用肢体上的接触来传达友好和亲密。

　　活动：不要忽视你的配偶"出去走走"或想和朋友聚会的要求。当红色性格不能经常同朋友外出时，他们会觉得自己好像一个被关在笼子里的动物。给你们俩安排一些特别的活动，能让你和伴侣一起出去走走以使你们的关系更加和谐。

　　如果你自己就是一个红色性格，记住，你需要花费很多时间和精力来处理你的情感问题。其他性格的伴侣可能没有很多的时间和兴趣来满足你的需要。如果你老是缠着你的伴侣不放，要他们来赞美你的话，你可能得到更多的厌恶。要时常提醒你自己，你的伴侣也有他自己的需要。

5

蓝色性格

　　蓝色性格是绝对的完美主义。无论是做事的完美主义还是对于情感关系的要求，无论是对自己还是他人，蓝色性格的内心总是希望完美，这也是蓝色性格人做事的动力来源。

　　蓝色性格是两个思维极端的混合体，他们喜欢研究个性，因为可以为他们提供自省的工具；同时他们又抗拒，因为他们担心这些理论太简单太容易明白，不值得研究。他们拒绝被放在盒子里面，贴上标签，他们太讲求精细与个体的差异而忽略了事物的共性，他们认为如此复杂的人类再多的性格分析都不能全部分析清楚，所以当然不能被统归到某一类去。

　　蓝色性格喜欢在孤独中思考、观察并且琢磨生命的意义，他们认为孤单是一个人的狂欢。他们非常不屑于不合逻辑或不经分析的理解方式。以旁观者的眼光和抽离在外来斟酌，对蓝色性格来讲是最舒服的事情。在科学类的特定领域里，因为蓝色性格能持之以恒地研究，往往可以成为专家式的人物。

蓝色性格

蓝色性格的人是绝对的完美主义者，无论是做事的完美主义还是对于情感关系的要求。

无论是对自己还是他人，蓝色的内心总是希望完美的。

蓝色性格不会盲目地与他人建立起亲密的联系，也不会轻易相信别人，虽然内心深处也希望被人欣赏和理解。

但总是时时提防别人，很难做到放松，因此别人也觉得不容易亲近他们。

他们喜欢与人保持一段安全、有尊严的距离。

蓝色性格喜欢在孤独中思考、观察并且琢磨生命的意义，他们认为孤单是一个人的狂欢。

他们非常不屑于不合逻辑或不经分析的理解方式。

蓝色性格的胆怯和敏感可能隐藏在看似漠不关心的外表下，但蓝色性格天生的悲剧情怀能酝酿出深刻的情感。

以及拥有完美所必需的坚韧和持久。

他们能够容忍到达完美前所需的孤寂。

蓝色性格的胆怯和敏感可能隐藏在看似漠不关心的外表下，但蓝色性格天生的悲剧情怀能酝酿出深刻的情感。他们能够容忍到达完美前所需要的孤寂，以及在此之前所必需的坚韧和持久。

蓝色性格不会盲目地与他人建立起密切的联系，也不会轻易相信别人，虽然内心深处也希望被人欣赏和理解但总是时时提防别人，很难做到放松，因此别人也觉得不容易亲近他们。他们喜欢与人保持一段安全、有尊严的距离。

你的生命中如果有个蓝色性格，你就得到了相当罕见的一种特权得以进入到一个本来就充满防御性的生命。如果他是你的伴侣，你要记住的是，幸福与否全部取决于你如何尊重蓝色性格对于隐密和孤独的需要。

蓝色性格渴望和追求公平，所以总是担心被别人利用和占便宜，也因此会显得斤斤计较。在内心深处，对所爱的人，他们是愿意付出一切的。健康的蓝色性格会保护他亲近的人、认同的人，和他们在一起有家人的感觉。他们如此忠诚可靠，可以让人放心地将工作交付给他，他们是最忠实的朋友，不管面临什么挑战，都会与你并肩而行。

蓝色性格有一种严肃的生活哲学，他们认为生命应该充满了苦难和坎坷，一旦变得一帆风顺，他们会感觉突然失去了生活的意义。这完全不像红色性格，他们有一种快乐的生活哲学，生命中任何事情都是可以拿来玩笑的。因此外表上蓝色性格显得沉闷且不喜欢开玩笑，他们不喜欢搞笑和惊讶，也不喜欢通过拥抱和肢体上的亲密接触来传达情感，四色性格中，蓝色性格简直是最不亲切的人。他们很难接受新东西。正因为此，他们不喜欢他们觉得"不正经"的人，所以在某些场合，笑话容易引起蓝色性格的反感。当他们过分敏感和提心吊胆时，多疑严重侵蚀并且影响着蓝色性格的内心。他们像苏珊·桑塔格所说的那样：反对平庸、反对伦理和审美上的浅薄。

他们对自己和他人，都保持有高标准的批判，有时这种标准高到自己都无法满足的地步，更遑论别人的满足了。从这个意义上来说，我们就能够理解他们是难以相处的老板或父母的原因之一。

蓝色性格本身才华横溢，却还是经常会怀疑自己的才能，他们的完美主义总是会让他们情不自禁地隐藏自己的技艺和才能；而红色性格总是没事就迫不及待地用"你看，我有多牛"的心态拿出来显摆两下，然后总是被家里人和老师痛斥为喜欢"穷显摆"的孩子，在阴沉脸色的伺候之下，那时的我也在恐慌中不停地自责是否自己有什么问题？

蓝色性格总觉得自己永远还不够好。他们怀有高度的不安全感，他们担心显露出才华和技艺是一种给自己带来风险的炫耀。有很多人都意识到了蓝色性格的完美主义，可是在我和至少 300 个以上真正的超蓝色性格（超蓝色性格的意思是在蓝色性格的诸多行为上都能同时满足）用了四年时间进行了比较深入的探讨后，他们给我的共同感觉是：真正的蓝色性格是不说自己追求完美的，因为他们认为"完美"这个词汇本身就太遥远了。

6

蓝色性格的优势

蓝色性格与生俱来的特质：

其一，"开发人类智力的矿藏是少不了要由患难来促成的"；

其二，"悲伤使人格外敏锐"，这也就是为什么蓝色性格在阅读悲剧作品时比阅读喜剧作品时更能感受到灵魂的快乐，一种悲伤的"快乐"。

交作业的时候，红色性格交了很多作业，每个作业都是 60 分，而蓝色性格只交了一个，但却是 100 分的作业。

"独立思考"并不等同于"独立"，与真正具备独立性的黄色性格相比，蓝色性格更多的是保持思想上的独立，人格上的独立，而并非情感上的独立。

蓝色性格认为生活的真谛，并不是在热闹中产生；而哲理的产生，往往是在痛苦的孤独中苦苦求索，在蓝色性格看来，人群中的喧闹，会掩埋掉许多灵感的创作。

蓝色性格的优势

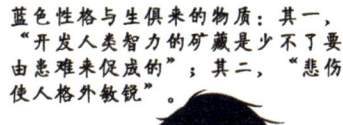
蓝色性格与生俱来的物质：其一，"开发人类智力的矿藏是少不了要由患难来促成的"；其二，"悲伤使人格外敏锐"。

一种悲伤的「快乐」。

蓝色性格是不屑去迎合对方的意愿而说一句皆大欢喜的话的。

在蓝色性格看来，一切都说出来就什么意义也没有了。

在人群中的喧闹会掩埋许多灵感的意境。

蓝色性格有关注细节和过程和希望不用说别人就明白他们在做什么的倾向。

蓝色性格觉得说太容易做到了，远不足以表达内心强烈的情感，而实际行动的证明才是有意义的。

因为他们高度注重承诺和甘愿以生命来维护的态度，使蓝色性格得以成为最值得信任的性格。

蓝色性格外冷内热恰似"热水瓶"的特性，与红色性格外热内热的"汤婆子"（北方称"暖手炉"或"热宝"）形成了鲜明的对比。

蓝色性格觉得说太容易做到了，远不足以表达内心强烈的情感，而实际行动的证明才是有意义的。

蓝色性格认为，欣赏和爱一旦用语言来表达是无比肤浅的！他们更愿意以行动来表达内心的想法。蓝色性格是不屑去迎合对方的意愿，而说一句皆大欢喜的话的，在蓝色性格看来，一切都说出来就什么意义也没有了。

蓝色有关注细节和过程和希望不用说别人就明白他们在做什么的倾向，他们更加倾向于用暗示而不是直白的手法，来表明他们要传达的信息。

因为他们高度注重承诺和甘愿以生命来维护的态度，使蓝色性格得以成为最值得信任的性格。

"做任何事情首先制订好计划，然后严格地按照计划去执行"，也许这是蓝色性格做事的原则中仅次于"要么不做，要做就做到最好"最高座右铭之后的第二准则。

红色性格喜欢变化中新奇的不确定的快乐，而蓝色性格喜欢计划中程序的安全感的稳定。

对于你来说，无关痛痒的词语，对于其他人来说，却并非如此，学会理解并尊重他人的思想和他人的感受，学会理解别人，是我们一生的功课。

　　蓝色性格是完美主义者，他们希望成为最好，找到最好，并且努力做到最好。他们辛劳地努力工作，喜欢做高质量的工作，即使这意味着要花更长的时间，付出艰巨的努力，也在所不惜。对于他们来讲，如果这个事情值得做，那就一定要做到最好。任何的松懈和放低标准让他们感到自己良心的谴责，那将是一种奇耻大辱。

　　当黄色性格力图用最简捷的方法解决最复杂的问题时，蓝色性格也许正在用最复杂的方法，诠释最简单的问题以确保周详和严谨。而正是如此，他们经常运用现有的一个观点并使它发展，他们具有发明家的思想和本领。因此，黄色性格是把复杂问题简单化，蓝色性格可把简单问题复杂化。

7

蓝色性格的局限

由于拒绝外界互动，不健康的蓝色性格变得容易逃避，脱离人群与现实。他们一方面充满了警惕和斥责，另一方面又害怕别人的攻击，因此，他们容易怀疑和精神过度紧张。他们被妄想困扰，而满脑子的念头又反过来威胁自己，结果变成偏执狂，不断受到恐惧症的苦恼。

比之红色性格很容易"跳出悲痛外，不在失落中"的快速情绪波动，蓝色性格更多活在过去当中，长期无法走出低谷和振作起来，让周围的人也是苦不堪言。

蓝色性格没有自信是因为习惯于低估自己的长处，更多看到自己的不足。当蓝色性格的敏感走向极端，如果过于胆怯，可能会产生恐惧，这将导致偏执狂和病态。当蓝色性格沉溺于自己阴郁的想象，有一天蓝色性格可能走得太远，而产生危险和自我毁灭的症状。

蓝色性格很想被他人理解，可是又讨厌自我剖析并袒露，觉得那样的坦白会

蓝色性格局限

他们一方面充满了警惕和斥责，另一方面又害怕别人的攻击，因此，他们容易怀疑和精神过度紧张。

蓝色性格认为"人只有不断地批评才可以进步"的座右铭，这使周围的人活得非常辛苦和受到极大的挫折感。

长期无法走出低谷和振作起来，让周围的人也是苦不堪言。

蓝色性格说"不"的时间之长可以超过其他色彩说"是"的时间，而他的顽固经得起任何强力或者胁迫。

失去了原本该有的意义，会少掉很重要的过程，他们希望有人能有耐心来读懂他。当他人无法理解它时，他会失落，当他向对方传达意思时，倾向于用含蓄的暗示手法而非直接了当。

蓝色性格的完美主义，让他们觉得如果一件事情值得做，就要把它做到最好，可惜他们永远也达不到心目中的最好，所以宁可不做。为了避免过度苛刻地追求完美，蓝色性格也许终生应背诵的话是："我眼里的 80 分，别人已经认为是100 分了。"

蓝色性格认为"人只有不断批评才可以进步"的座右铭，这使周围的人活得非常辛苦且容易受到极大的挫折感。

黄色性格和蓝色性格都容易给他人压迫和不易亲近之感，差别是：黄色性格给人"压力"，蓝色性格让人"压抑"；黄色性格感觉"冷酷"，蓝色性格感觉"冷漠"；黄色性格认为你是"弱者"，而蓝色性格认为你是"弱智"。

蓝色性格说"不"的时间之长可以超过其他色彩说"是"的时间，而他的顽固经得起任何强力或者胁迫。

因为严格遵守秩序，外表拘谨，蓝色性格不懂得释放情绪，更加缺少幽默感。纵然在聚会的场合，我们也很少发现他们全情投入，开怀大笑，蓝色性格总是无法放松。沉浸于负面思维中虽然算不上病态，不过却使蓝色性格的生命中减少了很多乐趣。

典型的蓝色性格对待自己中意的人，须学会"花开堪折直须折，莫待无花空折枝！"

在他人看来无关痛痒的细节，蓝色性格会以高度敏感的观察力捕捉到，并将其重要性和严重性放大十倍，然后提出修改方案。不过，在很多时候失去灵活变通能力的同时，也让周围高涨的情绪和气氛变得黯然失色。

蓝色性格通常出于害怕犯错而拖延或卡在细节之中。他们的标准涵盖了生命的每个层面，他们的规则就是"规则"，而且相信人人都知道这些"规则"，他们痛恨那些打破规则而且成功逃脱的人。

8

蓝色性格的情感需求

"请支持我，不要取笑我，请给我多一些安静独立的空间。"这是蓝色性格人的心里话。

蓝色性格的基本诉求是把所有安排好的事情都做好。对于他们，没有其他办法。当你无法把一些事情及时完成，他们会觉得你没有尽到应尽的义务。因为做好工作本来就是分内之事，做不到应该批评，做到了也无需表扬。下面几点会帮助你更好地满足蓝色性格的需要：

支持：他们需要知道"你是站在他这一边的"。如果你和他们开玩笑或者取笑他们，他们就会很容易受伤。不要问："你怎么了？"而应该说："我看到你受伤了，我就站在这里直到你想要告诉我为止。"

安静的空间：和红色性格极其需要倾诉的特性相反，蓝色性格需要他们自己

蓝色性格的情感需求

蓝色性格的基本诉求是把所有安排好的事情都做好。

当你无法把一些事情及时完成，他们会觉得你不喜欢这项工作。

和红色性格极其需要倾诉的特性相反，蓝色性格需要他们自己的空间。

蓝色性格痛恨喧闹、嘈杂或者混乱。请你尊重他们的这种愿望，并且不要打搅他们。

蓝色性格需要知道"你是站在他这一边的"。

"我看到你受伤了，我就站在这里直到你想要告诉我为止。"

尽量尊重蓝色性格的日常安排，且当你真的有要紧事情的时候再去打搅他。

的空间。他们希望知道今天做了些什么以及明天还有什么要做的。试着了解蓝色性格有自己的生活空间，并且尽量不要打扰他们。蓝色性格痛恨喧闹、嘈杂或者混乱。他们需要一个可以暂时逃离喧嚣的空间，这个空间刚好就是他们的桥洞，在这里可以喧嚣稍停、哭笑暂熄。请你尊重他们的这种愿望，并且不要打扰他们。

　　按部就班：尽量尊重蓝色性格的日常安排，且当你真的有要紧事情的时候再去打扰他。如果可能的话，帮你的蓝色性格伴侣遵守时间表，这会让他们减轻压力。

　　如果你是蓝色性格，认识到没人能完全满足这些需要是件十分必要的事情。生活并不总是十全十美的，并且当你的时间表无法正常执行时，并不一定都是你伴侣的错。有时候时间或者环境可能不允许别人按你的方式完成工作，但这不是说他们不爱你。永远记住——我们生活在一个不完美的世界里，并且你永远不可能让大家总是按你希望的那样生活。

9

黄色性格

对黄色性格来说，重要的是成绩和能力，而不是自己的感情。这种对工作痴迷的价值观，即是黄色性格的严重局限。正因为此，黄色性格非常害怕失败，不愿涉足有可能失败的工作。黄色性格自视极高，这是他们通过自己的成绩和荣誉等实实在在的东西而构筑起来的。但他们一旦失去成绩或地位，自尊心就会受到严重伤害。所以他们常常担心因为懈怠而失去原有的地位。

黄色性格对于暧昧、指挥系统的混乱十分敏感和难以容忍，他们喜欢"非黑即白"的态度。相反，只要拒不妥协，保持态度一贯，哪怕是对抗的敌手，黄色性格也会表示敬意。可敬的对手一旦做出妥协的姿态，敬意就会立即消失。因为不黑不白的状态是黄色性格难以接受的。

黄色性格总是迅速地准备行动，他们有强烈地随时行动的欲望和冲动，如果没有事情做，黄色性格会非常难受，他们乐于把精力放在与外部世界的接触中。

黄色性格

对黄色性格来说，重要的是成绩和能力，而不是自己的感情。这种对工作痴迷的价值观，即是黄色性格的严重局限。

黄色性格对于成功的无限迫切，对周围的人产生了可怕的压力，人们意识到如果他们不分秒必争，他们将会沦落到三等公民。

黄色性格总是迅速地准备行动，他们有强烈地随时行动的欲望和冲动。

如果没有事情做，黄色性格会非常难受。

他们乐于把精力放在与外部世界的接触中。

黄色性格往往会因为他们的孤傲和过度理性，把自己孤立在一个神奇的感性世界之外。

他们经常错失真正的友谊，

因为他们无法与比他们好的或比他们差的人建立亲密关系。

对于儿童时代的回忆，黄色性格总是喜欢"学习成绩好啦，因为听话而被夸奖"之类的故事。由于有这些成功的体验，他们可以撇开个人的感情，而将注意力集中于如何获得大人的爱。为了得到肯定的评价，不惜付出任何努力。他们主动要求担任领导的角色，专注于如何获胜，相信只有成功才能获得爱。

健康的黄色性格是具有社会意识的领导者，能运用他们的热情和希望激发别人，和人群及有价值的目标建立起深厚的联系。不健康的黄色性格是轻蔑傲慢、积极干练的野心分子，不带感情且不顾人与人之间的亲密，为达目的而支配他人。

黄色性格想树立好的形象。由于一门心思力图扮演受人尊重的角色，他们不能认识内在的自己。如果在工作上未能获得预期成绩及周围人的好评时，他们会感到现实的自己与追求的理想形象之间有落差。当落差大到再也不能视而不见时，他们会感到非常痛苦。

黄色性格对于成功的无限迫切，对周围的人产生了可怕的压力，人们意识到如果他们不分秒必争，他们将会沦落到三等公民。避免成为工作狂是黄色性格一生需要修炼的，因为只有那样别人才愿意和黄色性格在一起，而不是因为过度紧张而逃避。可惜的是，黄色性格自己并不在乎是否有人和他们在一起，他们只在乎自己的成就和是否达到自己期望达成的目标。黄色性格为了工作，不但牺牲个人生活，还要求周围的人也同样如此。他们希望能按照自己所想的那样发挥高效率。要让黄色性格认识到工作只是人生的一部分是非常困难的。

黄色性格对别人操纵权力和行使主导权十分警惕。认为对那些自以为是的家伙就应该毫不留情，殊不知他们自己有时也自以为是。他们讨厌为他人所左右，希望把他人的影响降低到最小限度，总想了解有关周围人的一切，以便排除未知因素，把握局势。在他们讨厌为他人所左右的同时，他们也无时无刻不希望左右他人。

黄色性格往往会因为他们的孤傲和过度理性，把自己孤立在一个神奇的感性世界之外。他们经常错失真正的友谊，因为他们无法与比他们好的或比他们差的人建立亲密关系，因为亲密必须建立在平等的感觉上。相对于隐藏的黄色性格内心来说，骄傲或故意高傲，是一种浅薄的防卫，除非他们能让自己去体验亲密和脆弱，否则他们可能在一生中成为自己给自己带上枷锁的罪犯。

10

黄色性格的优势

以目标和结果为导向，不达目标，誓不罢休，是黄色性格从来就知道的。黄色性格对于目标的执着，让他们认定逆境是一个伟大的教师，他们笃信那些一生都走着平坦大道的人是培养不出力量的。黄色性格通过逆着潮流而不是顺着潮流游泳，来培养出他们的力量。也许这就是所谓的"越挫越勇"。

黄色性格似乎很少有知足的时候，他们总给自己设定一个又一个的目标去达成。成大事的黄色性格，不能容忍平淡无奇的生活状态，渴望体验斗争的乐趣。故此，黄色性格是四种性格中最有工作狂倾向的人。

黄色性格自己的心理暗示正是——成为生活的强者，与此同时，他们也尊重强者，他们认为与强者的相处可以让自己变得更强！通过与成功者的相处可以让自己更快找到成功的捷径。

你不得不佩服黄色性格人的坚定和执着，他们希望能够战胜别人，让别人服输的那种欲望几乎纵贯他们整个生命的任何一个细节。黄色性格天性中流动着西班牙

黄色性格的优势

以目标和结果为导向，不达目标，誓不罢休，是黄色性格从来就知道的。

黄色性格对于目标的执着，让他们认定逆境是一个伟大的教师，

他们笃信那些一生都走着平坦大道的人是培养不出力量的。

黄色性格天性中流动着西班牙斗牛士的血液，在与天斗，与人斗，与己斗的过程中他们能体验到自己的人生的价值。

斗！

黄色性格似乎很少有知足的时候，他们总给自己定下一个又一个的目标去达成。

黄色性格做决定不费力，归根结底，完全是因为他永远知道，什么才是最重要的。他们能够抓大放小。

结果！
结果！！
结果！！！

黄色性格自己的心理暗示正是"成为生活的强者"，他们也尊重强者，他们认为与强者的相处可以让自己变得更强！

强者

他们的日程表总是排得满满的，工作以外的时间会被旅行、运动等活动填满。

斗牛士的血液，在与天斗，与人斗，与己斗的过程中他们能体验到自己人生的价值。

从中国历代黄色性格的帝王中，我们可以发现，他们普遍最喜欢用的词，常有"日月、天地、风云、山河湖海"等字词出现；描述数量，动辄千万，口气巨大，使人觉得有恢宏气魄，主宰尘世之感。

一旦黄色性格的想法遭到反对时，那只会激发起他们加倍的努力和挑战欲。当红色性格已经跑到其他地方，绿色性格停止不前，蓝色性格已经考虑是否要转移阵线时，黄色性格只会更加努力全力以赴地向前冲。就像一个电动玩具机器人，当走到一堵墙面前，他们仍旧直行，企图穿越，与其改变方向或者计划，还不如把挡路的墙给废掉，这就是他们的逻辑。

即使对自己喜欢的人黄色性格也不是通过柔和的语言来传达，而是以行动保护对方来表达自己的情感。他们认为支撑爱情的是责任，爱情就是保护对方，给对方提供安全，其他都是没意义的。

黄色性格，告诉我们："受苦的人没有悲观的权力，远征的人没有流泪的资格！"

黄色性格不受情感干扰的能力，在推进事业的过程中尤其重要。

实用主义往往引导黄色性格以最直接便捷、浅显明了的方式来说明和阐释或玄奥或重大的问题。

工作能力对于黄色性格来讲，是他们的财富和责任。从商业的角度来看，追求进步和成功使黄色性格成为成功路上的王者，他们比其他性格更容易迅速取得胜利。

黄色性格做决定不费力，归根结底，完全是因为他永远知道，什么，才是最重要的。他们能够抓大放小，永远关注结果！结果！！结果！！！

只要有什么新想法，就会立刻付诸行动。这样的行动力是黄色性格的能量所赐，同时也起到了消除忧郁的作用。他们的日程表总是排得满满的，工作以外的时间会被旅行、运动等活动填满，什么也不做的空闲时间，对他们来说，不仅是非常不健全的，甚至还是一种恐怖。

11

黄色性格的局限

他们太希望胜利和成功，黄色性格有勇气去面对生活的挑战、压力和障碍，但是他们并没有勇气去面对自己内心的脆弱。当出现任何一点这样的征兆的时候，他们会本能地回避掉。

尽管别人善意地向黄色性格提出进谏之言，然而他们一直洋溢着一种飞扬跋扈的神气，暗示了黄色性格是无所不知而且永远是对的。这样我们就能够明白为什么黄色性格总有两条人生法则：第一，我永远是对的；第二，如果我错了，请看第一条法则。

对权力的渴求，是黄色性格成就事业的力量源泉。而黄色性格的问题却是过分的权力欲和支配欲，他们强烈期望当领导，只有别人服从自己时才感到安全。黄色性格想要控制，他们站在舞台的中央，似乎只有在指挥事情时才会快乐。

黄色性格，是典型的侵略性格，因为黄色性格喜欢去命令和指使，当遭遇挑战时，会马上变得充满攻击性和咄咄逼人，这与他们内心趾高气扬的本质是很难

黄色性格局限

黄色性格是典型的侵略性格，因为黄色喜欢去命令和指使，当遭遇挑战时，会马上变得充满攻击性和咄咄逼人。

黄色性格在到达人生终点的时候，只带着极少数真正能令他们醉心的回忆，而最醒目的就是挂满整个墙壁的奖杯和奖状。

终身荣誉

黄色对于他人的弱点极度不耐烦，而且毫不掩饰地表现在他们的五官上。

最重要的是，所有无效率的事情在他们看来都是一文不值的，

而且是那样地不可饶恕。

要让黄色性格学会为他人考虑，那除非出现奇迹。他们似乎天生就觉得这个世界是应该围绕他们转的。

从这个意义上来讲，黄色性格的"理所当然"心态，

将成为他们人生成长中一个最为麻烦的梗格和障碍。

分开的。对于冒犯他们的人，黄色性格会毫不留情地坚决还击，他们追逐自己想要的东西而忽略尊重他人的情绪。不健康的黄色性格，他们单纯追求赢的感觉，却丝毫没有觉察到自己的攻击性，而粉饰自己只不过是直截了当而已。

为了获得最大的成功，黄色性格重视效率，缺乏耐心，他们非常厌恶工作能力差、多思而不实干的人。他们讨厌慢慢吞吞的部下，希望部下倾尽全力来帮助自己走向成功。

黄色性格对于他人的弱点极度不耐烦，而且毫不掩饰地表现在他们的五官上。最重要的是，所有无效率的事情在他们看来都是一文不值的，而且是那样地不可饶恕。有时，为了显示他们的权威和犯错者的渺小愚蠢，黄色性格不惜当众羞辱，借以让被骂者茁壮成长且美其名曰："不经历风雨怎么见彩虹"，为自己的暴政倾向涂脂抹粉。

黄色性格喜爱自命为判官，总会发现别人的许多言辞行径不顺眼的地方；黄色性格经常高声表达他们的不满，让周围的人们退避三舍，这也会妨碍一种亲密关系的发展。

劝告黄色性格是困难的，因为他总能证明为何他是对的。由于他认为自己是英明的，所以如果是错的事情，他不会去做。

黄色性格容易成为独行大侠，他们最有能力来完成一些壮举。但是可悲之处在于，过度暴政和严苛让黄色性格不得人心。典型的黄色性格不加控制，他们容易欺人太甚，他们认为所有的人都应该赶上自己的步伐，他们不够心平气和，因此无法赢得下属的支持。等到他们退下历史舞台，等待的就是白眼和鄙视。

黄色性格经常在到达人生终点的时候，只带着极少数真正能令他们醉心的回忆，而最醒目的就是挂满整个墙壁的奖杯和奖状。

红色性格以自我为中心，乃是期待得到众人的关注和喜爱，因为红色性格实在喜欢炫耀和表现的感觉；黄色性格以自我为中心，乃是期待天下万物唯我独尊，我就是世界，世界就是我。

对于"永远知道自己要什么"的黄色性格来说，他们一生中奋力执着在追求自己的目标。他们善于操纵和控制，他们将方向盘打向自己要去的地方，而鲜少考虑水花是否会溅到他人身上。

要让黄色性格学会为他人考虑，那真是件奇迹。他们似乎天生就觉得这个世界是应该围绕他们转的。从这个意义上来讲，黄色性格的"理所当然"心态，将成为他们人生成长中一个最为麻烦的桎梏和障碍。

黄色性格的"冷酷无情"源于他们是过度专注于目标和关注事实本身，而对自己和他人情感的需要一概忽略。

12

黄色性格的情感需求

有人一生容易被情感影响。无论是红色性格还是蓝色性格，你，此生难逃情感的羁绊。别着急，这未必不是好事。上天有命，人各不同。

黄色性格很难被情感左右和动摇。和红色性格与蓝色性格相反的是，黄色性格的情感需要相对来讲更加实际和直接。

黄色性格内心最基本的需要就是掌控。如果你发自内心能理解这点，你和黄色性格的爱情或婚姻将会少无数烦恼和痛苦并且享受他（她）们对你爱的方式。如果你不明白掌控是他们决定自己一生是否快乐的内心关键；如果你不明白对于他们的爱情和婚姻来讲，你也是他们人生的一部分；你的人生将在争吵和斗争中度过。当你明白黄色性格内心的需求时，你就会知道"控制"只不过是一种处事的方式。他们需要有事情可以让他们来定夺，提供一些空间给他（她）使其有机会可以满足他们的控制欲。

如果你想理解黄色性格那钢铁般的强硬和瞬间柔软是如何统一的，那么希望

黄色性格的情感需求

黄色性格很难被情感左右和动摇。和红色性格与蓝色性格相反的是，黄色性格的情感需要相对来讲更加实际和直接。

如果你要赞赏黄色性格，请赞赏他的能力。

"真不敢相信你把它们全做完了！"

黄色性格内心最基本的需要就是掌控。他们需要有事情可以让他们来定夺，提供一些空间给他（她）使其有机会可以满足他们的控制欲。

黄色性格在周末拖地板的快乐和需求远胜过坐在沙发上看电视。

黄色性格与绿色性格在婚姻搭配中成为人生的伴侣概率最高。

如果你想理解黄色性格那钢铁般的强硬和瞬间柔软是如何统一的，

那么希望你从我过往失败的相处历史中可以汲取教训，避免彼此的伤害。

如果你是个有强烈控制欲的黄色性格，那么你需要明白人生中不只是你的需要才是最重要的。

你从我过往失败的相处历史中可以汲取教训，避免彼此的伤害。为你提供以下几点建议，以助你更顺畅地经营与黄色性格的爱情和婚姻：

感激：与赞美相比，黄色性格更愿意接受感激。感激意味着你看到并理解了他们对你的付出，你们需要什么，他们就为你做了什么。"真不敢相信，你把它们全做完了！"我想强调，感激与赞美是两回事！

行动：黄色性格在周末拖地板的快乐和需求远胜过坐在沙发上看电视。他们热爱干活，不喜欢浪费时间，同时也希望别人跟他们一样精力过旺。黄色性格之所以与绿色性格在婚姻搭配中成为人生的伴侣概率最高，我在《色眼识人》第十章"黄男娶绿女做老婆的原因"和"黄女抓绿男做老公的理由"中已经仔细阐述过。其实最重要的理由就是——容易控制和影响。特别提醒的是，黄色性格女性对于绿色性格老公的懒惰比角色颠倒更加难以容忍。

如果你是个有强烈控制欲的黄色性格，那么你需要明白人生中不只是你的需要才是最重要。因为我性格中第二色黄色性格的缘故，我的控制欲与典型黄色性格在彼此影响和控制的长期斗争中越战越强，而我红色性格的情感也被激发成朝情绪化发展的负面趋势，最后我和黄色性格女子的爱情故事以失败而告终。

13

绿色性格

如果你现在非常有压力或者精神高度紧张，被老板猛 K 了一顿，公司兼并可能要裁员，女朋友和你分手，房贷的压力大到喘不过气来。这时，你那绿色性格的朋友总是让你如沐春风，在你的独白中见机行事，把准脉搏地给予适时的安慰和鼓励。

绿色性格不像红色性格那样，聆听只不过是为了等会儿向你更多地倾诉。绿色性格似乎本身从来没有什么问题，他们是温暖而同情的聆听者，不带有任何批判或者提供意见，他们只是想体验你的感受。厉害的是，等你吐完满腹苦水，绿色性格就能继续打开电视，丝毫不受影响的继续体验他《樱桃小丸子》的喜怒哀乐了。让我们不得不惊奇的是他的倾听能力，事实上其他人的痛苦和焦虑都不会从本质上影响绿色性格的心情。

如果你有一个绿色性格的家人或朋友，就意味着你有了一个温暖的朋友，一个忠实的支持者，一个不挑剔的伙伴。你是幸运的。他们会一直跟在你的身后为你加油，你可以和他推心置腹却不需要反过来听他的心声。但是绿色性格却不知

绿色性格

绿色性格不像红色性格那样，聆听只不过是为了等会儿向你更多地倾诉。

他们是温暖而同情的聆听者，不带有任何批判或者提供意见，他们只是想体验你的感受。

绿色性格本身是低能量的动物，这决定了绿色性格既缺乏红色性格或者黄色性格的那种热忱，也缺乏蓝色性格和黄色性格的那种专注的精神。

如果你有一个绿色性格的家人或朋友，就意味着你有了一个温暖的朋友，一个踏实的支持者，一个不挑剔的伙伴。

绿色性格过多的人群，呈现出懒散的态度，对堆在角落的灰尘、碗盘、堆积成山的旧衣服极为宽容，给予充分保留的空间。

绿色性格追求稳定的天性，让他们宁愿固守一个工作、一个朋友或者一个家庭，而不愿意主动去找一个更好的。

绿色性格很容易就和他人攀谈起来，但是他们不肯轻易地泄露太多的感情，他们宁可静静地坐着倾听别人。

道如何为他自己做决定，如何在互动的关系中付出和收获同时并存，他们往往认为付出是应当的，你需要放慢脚步等他决定想要做些什么。

经常有人评价说某个人忠厚老实，这也许大多是用来评价绿色性格的。绿色性格追求稳定的天性，让他们宁愿固守一个工作、一个朋友或者一个家庭，而不愿意主动去找一个更好的，他们觉得我现在这个就已经不错了，再找一个多麻烦啊！这与蓝色性格的"没有最好只有更好"的心态完全不同。

绿色性格本身是低能量的动物，这决定了绿色性格既缺乏红色性格或者黄色性格的那种热忱，也缺乏蓝色性格和黄色性格的那种专注的精神。他们安于现状，对自己现在的状态感到十分满意，并没有强烈的要去改造或者改变的意愿。他们向往着"采菊东篱下，悠然见南山"的恬适生活。如果他们饿了，他们宁愿去吃冰箱的剩饭和剩菜也懒得跑到楼下买个汉堡。这是一种犹如睡觉的猫咪一样的松散类型，并没有多少冲动想四处走动。

绿色性格过多的人群，呈现出懒散的状态，对堆在角落的灰尘、碗盘、堆积成山的旧衣服极为宽容，给予充分保留的空间。他们宁愿嚼着薯片去观赏电视上的肥皂剧——用别人的生活取代自己的生活，当然他们也很容易因为别人而迷失自己，通过别人而活，这也就是他们容易对自己的内心不忠诚的原因。

绿色性格很容易就和他人攀谈起来，但是他们不肯轻易地泄露太多的感情，他们宁可静静地坐着倾听别人。他们很难主动摊开自己，除非你需要他们这么做。另一方面，绿色性格似乎并不知道该如何表达自己的需求和情感，他们会想："别人是不是真的想了解我呢？别人不会关心吧，那我又何必说？再说了我好像也没什么特别的想法。"

14

绿色性格的优势

绿色性格文化的精华说起来就是一种追求和谐的文化，不讲究过度的文化，点到为止的文化，得饶人处且饶人的文化，留得青山在、不怕没柴烧的文化，强调平衡的文化。

绿色性格是典型的温和者，就像水是他们的吉祥物一样，他们会绕过生命的险阻，而不是一定要铲除路中的障碍。绿色性格和善的天性充满了温柔的吸引力，他们对所遇之人几乎都保持着仁慈和柔软。

如果说，红色性格给我们生活的激情和快乐，蓝色性格给我们稳重和信任，而黄色性格给我们勇气和坚定。无论是谁，当我们和绿色性格相处的时候，我们感受到的是轻松、自然和没有压力。

绿色性格，能够将生命的危机摆在适当的透视之下，知足又没有脾气，他们对生命提出的要求不多，他们经常能不吝付出，能体验到这种心灵开放的拥抱是极其幸福的。

绿色性格优势

绿色性格文化的精华说起来就是一种追求和谐的文化，不讲究过度的文化，点到为止的文化，得饶人处且饶人的文化。

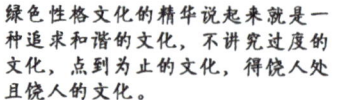

绿色性格是自得而悦人的个体，很能够接纳生活上的任何人。

他们能够契合所有不同颜色的性格，而不用担心行为差异上的南辕北辙。

绿色性格是典型的温和者，就像水是他们的吉祥物一样。

他们会绕过生命的险阻，而不是一定要铲除路中的障碍。

绿色性格并不重视利益交换，付出是最大的快乐。

他们对情感受伤害的、需要一杯水的或有困惑的人会非常地关切。

绿色性格很容易超脱游离出政治斗争之外，因为他们内心深处对金钱和权力的欲望不执着。

绿色性格的领导风格是稳当而公平的，他们宽容对待有分歧的意见，并且提倡团体中的盟友情怀。

绿色性格很容易超脱游离出政治斗争之外，因为他们内心深处对金钱和权力的欲望不执着。

红色性格具备"选择性遗忘"，他们可以选择性地忘记那些痛苦的记忆，从而使自己的记忆体中一直保存着美好与快乐；绿色性格具备"选择性倾听"，让绿色性格将其他性格无法忍受的冲突回避，只选择听让自己心情舒畅的话。

黄色性格有着活跃的推动力，然而由于他们的强势却树敌不少。等到真正选择领导的时候，最高阶层和民众往往会对那些没有敌人的绿色性格情有独钟。

绿色性格的快乐是因为计较得少。

绿色性格是自得而悦人的个体，很能够接纳生活上的任何人，他们能够契合所有不同颜色的性格，而不用担心行为差异上的南辕北辙。他们和善的天性及谦逊的为人，为他们赢来许多忠诚的友谊。

如果用五官来比喻的话，那就是红色性格的嘴功、蓝色性格的脑功、黄色性格的眼功是各自的强项，绿色性格的耳功为家传绝学。

绿色性格并不重视利益交换，付出是最大的快乐，他们对情感受伤害的、需要一杯水的或有困惑的人会非常地关切。绿色性格乐于倾听别人诉说所有的事情，鼓励他们的朋友们多谈谈自己，他们擅长让别人感觉舒适。

幽默感产生于轻松的生活态度之中，一个生活紧张的人是不可能产生幽默感的，幽默的散发需要那种松弛大度、不急不徐的风范来支撑。而这正是绿色性格所具备的。

绿色性格领导尊重员工的独立性，而不是把员工当作机器上的零件。这让他们博得了更多的人心和凝聚力。

绿色性格的领导风格是稳当而公平的，他们宽容对待有分歧的意见，并且提倡团体中的盟友情怀。他们具有令人羡慕的平衡力量，接纳任何其他性格色彩，并且愿意向他们学习。

15

绿色性格的局限

如果说蓝色性格的累是把事情复杂化和认真思考的累，那么绿色性格的累绝对是为了迎合他人的人际关系上受累。

绿色性格极其不愿与他人发生冲突，害怕犯错所以不做决定，这只会滋生病态的妥协，而无法促使他们采取负责任的解决态度。他们宁可在长痛中苟活，也不肯在短痛中奋起。绿色性格也许在付出沉重的代价后，才能学会不要太在意别人反应，学会敢于表达自己的立场和原则。

绿色性格被动等待问题的解决是因为：如果明确表示意见，就担心受到别人的批判引起冲突，因此不表示意见是最安全的做法。遇到两难选择的时候，对双方都表示理解，更加无法决定立场，心想不管自己怎么说，双方都听不进去，于是尽量不作声。

绿色性格是四种性格中最需要稳定的人群，他们天性惰于变化，在频繁变化的状态下，需要打破已经适应的环境和人际关系，这让绿色性格感到安全感的缺

绿色性格局限

绿色性格经常会没原则地对他人妥协。

那种不想发生冲突所以不表达真实意见的本能，只会滋生病态的妥协，而无法促使他们采取负责任的解决态度。

绿色性格的悲剧在于他们连争取都不愿意争取，他们期待的是自己的所作所为可以静静地感动对方。

待到一切花落去，再找个理由安慰自己。

绿色性格被动等待问题的解决是因为：如果明确表示意见，就担心受到别人的批判引起冲突。

因此不表示意见是最安全的做法。

因为绿色性格的不积极主动，问题仍旧会一直存留在那里而丝毫得不到解决。

他们似乎已经习惯于事情会自动解决，这种守株待兔的心态让他们成为四种性格中最为被动的。

等

失。他们的内心拒绝改变。在必须决断又不愿决断的时候，绿色性格会做出表面迎合的决断，而实际上他心里的想法完全没有改变。

绿色性格的悲剧在于他们连争取都不愿意争取，他们期待的是自己的所作所为可以静静地感动对方，待到一切花落去，再找个理由安慰自己。他们一生中得到太多自己无意追求的东西，而真正想要的却是越来越远。

因为绿色性格的不积极主动，问题仍旧会一直存留在那里而丝毫得不到解决。他们似乎已经习惯于事情会自动解决，这种守株待兔的心态让他们成为四种性格中最为被动的。

绿色性格的三个口头禅各有意义——绿色性格的"无所谓"代表：只要你高兴，我快不快乐，死活都一样；绿色性格的"随便"代表：我不决定，你决定好了；绿色性格的"还可以"代表：我不想直接否决让你下不了台，你不用问我的。

绿色性格并不是真的完全超脱，绿色性格常会在"说"与"不说"之间非常挣扎，在挣扎中时间静静流逝，而后果依旧会爆发。提出要求本身，是一件"可耻"的事情，一旦这样的世界观和想法形成，绿色性格开始"沦落"为一个没有要求的人，活在了"别人遗忘他们，认为他们可有可无"，连他自己也认为"自己可有可无"的世界中。

绿色性格看起来行动迟钝，磨磨蹭蹭、慢慢腾腾。这种了无生机并非真正的身体疲倦，而是心理上处于一种什么也不想做的闲散状态。绿色性格除了工作和参加必要的社会活动外，很少有参加其他活动的愿望。

绿色性格一直奉行"你好我好大家好"的"不求有功，但求无过"的人生策略，以为"小心行得万年船"的生活方式，可以让他们一生平安度过，却忽略了无限纵容也会对他人造成莫大的伤害。这恐怕是绿色性格做梦都没想到的！

绿色性格十分不愿意去做可能出错的决策，就算是绝对不会出错的决策，也巴不得是从你的口里说出，这样可以避免由他们来承担那些责任。

绿色性格的问题不是在于不公平，而是对所有人都太公平了。这就好比，你维护正义是应该的，但你同时姑息不义，就是大错特错。一个人不能同时维护上帝又姑息魔鬼，歌颂上帝是不够的，你必须同时打击魔鬼；肯定正牌是不够的，你必须拆穿仿冒。

绿色性格一直期待做让人人满意的事情，而他并不知道的事情是——这个世界上并没有人人满意的事情。

绿色性格只有当自己对自己宣告"我准备活出真实的自我"时，他才能告别过去，迎向新生，关键是他有没有这样的勇气和愿望。

16

绿色性格的情感需求

绿色性格最基本的需要就是平静和谐地生活。他们避免争吵，讨厌做决定，逃离争议，不惜一切代价寻求和平与安静。与其他个性不同，因为他们在天性中不容易引起人们的重视，在四种性格中他们是配合者，而他们的低调又没有蓝色性格的那种难伺候，故很容易被人忽略，因此我们需要给予绿色性格特殊的关注，关注他们的自尊心以及他们的重要性。

为了激励你的那位绿色性格朋友，帮他树立自信，你就必须知道怎样满足他们的情感需要。在你的爱和关心下，他们会适当增添自信和影响力，那么这种个性会发展成一个安静的强大的领导者。下面的几点会对你如何满足绿色性格灵魂最深处的需要有所帮助。

和平：绿色性格希望和平，没有压力。与黄色性格完全（在压力下也能不停地工作、活动，并能把事情做到最好）相反，绿色性格至少需要偶尔地休息一下。他们的潜意识里总是在寻找一把椅子。"如果我能坐几分钟……"当被推进一个激烈的活动，他们甚至会被吓呆，不能动弹。所以不要强迫他们。如果你想

绿色性格的情感需求

绿色性格最基本的需要就是平静和谐地生活。避免争吵，讨厌做决定，逃离争议，不惜一切代价寻求和平与安静。

绿色性格需要实现自我价值。绿色性格大多数在小时候就总被家长忽略。

在你的爱和关心下，他们会适当增添自信和影响力。

绿色性格希望被重视，成为其中一分子。

要他们向前进，让事情听上去简单化，并让他们知道你会在旁边伸出援手的。善意的谎言会产生效益绿色性格并不是懒惰，他们只是不喜欢有压力，如果有选择的话，他们决不会选择工作。

自我价值：绿色性格需要实现自我价值。绿色性格大多数在小时候就总被家长忽略，因为家长总是更多关注有要求的孩子。在孩子的成长过程中，这滋长了他消极的态度，并毁灭了他的自我价值感。他们知道不要轻易去摇晃小船。他们不像红色性格那么活泼可爱，不会像黄色性格那样有目的地与人谈话，也没有达到蓝色性格的感情深邃高度。他们只是被填鸭同时还要假装快乐。当你和他结婚时，你从他那得不到任何对需要的感觉、行为和想法。他们会说"我不在乎""没关系"和"随便你想做什么"但是，他们确实需要有人能帮助他们建立起他们的自我价值感，鼓励他们分享他们真正的想法。

重要性：绿色性格希望被重视，成为其中一分子。因为他们疏远了距离，远离麻烦，别人对他们的关注越来越少，不管是消极的还是积极的关注。用一定程度的被忽略换来的和平生活，也一定会有自己并不重要的感觉。有人曾跟我说，"我总是觉得我只是一件家具。"这个人应该参与到家庭决定中，家庭讨论中，即使他或她看上去并不关心。听取他们的意见，不要打断，或轻视别人的评论，因为他们需要花时间来观察别人。让他们知道自己的重要性，不要让他们以为自己只是另一件家具。

如果你是一个绿色性格，记住，当你没有对别人说时，别人是很难知道你的这些需要的。你安静的个性使你和别人相处得很平静，但是它也会妨碍别人想了解你。鼓励自己更多地与别人交流，讲出你的需要。向你的伴侣讲出需要可能会导致矛盾的产生，但如果你持续做不真实的自己，将付出更大的代价；也许当你自我修炼运用新的方式时，你会发现一种更有意义更快乐的方式。

第二章

性格色彩之情感

1

不同性格色彩在旅行中被责怪后的不同表现

　　钱锺书在《围城》中写道："旅行，最试验得出一个人的品性。旅行是最劳顿，最麻烦，叫人本相毕现的时候。经过长期旅行而彼此不讨厌的人，才可以结交作朋友。"那么旅行中，如果因为路线选择，住宿安排对方不满意，出现指责时，不同性格色彩会怎么反应呢？

红色性格

　　红色性格立刻会觉得不爽——明明是你让我安排的，我辛辛苦苦、忙前忙后地筹划打点，不但得不到半句好话，还要被挑剔抱怨。极其看重别人的肯定和赞美的红色性格，会把对方的指责解读为不认可，所以他会感到莫大的委屈和不满，甚至会以激烈的争吵来发泄自己的愤怒。

不同性格色彩在旅行中被责怪后的不同表现

经过长期苦旅行而彼此不讨厌的人，才可以结交作朋友。

如果对方是蓝色性格

蓝色性格会沉默，内心思量：你事先有暗示过我吗？

是我没注意到吗？这样的行程难道不合理吗？

当面对对方指责时，不同性格色彩的反应会是怎样的呢？

如果对方是黄色性格

黄色性格的本能反应是：怎么可能？

这就是最好的路线！你满不满意，赞不赞同，不重要。

如果对方是红色性格

红色性格立刻会觉得不爽，他会感到莫大的委屈和不满。

甚至会以激烈的争吵，来发泄自己的愤怒。

如果对方是绿色性格

绿色性格对于你的反对意见，不仅不会不高兴，

反而会说："不好意思，那你想怎么样？听你的好了。"

蓝色性格

面对对方的指责，蓝色性格会沉默，并在内心思量：你事先暗示过我吗？是我没注意到吗？这样的行程难道不合理吗？你是否有强有力地证据证明，我的安排是不合理的？

与红色性格不同的是，蓝色性格更倾向于自省，并且把怨气憋在心里，可能好些天都不跟对方说话，接下来哪里都不去了。当对方都忘了这茬事后，他还在耿耿于怀。

黄色性格

如果是对黄色性格安排的行程提出异议，黄色性格的本能反应是：怎么可能？这就是最好的路线！你满不满意，赞不赞同，都不重要，对于自己认为是对的事情，黄色性格一定会坚持到底，而且会说服你，让你跟着他的安排走。

绿色性格

绿色性格对于你的反对意见，不仅不会不高兴，反而会说："不好意思，你不喜欢这样啊，那你想怎么样？听你的好了。"然后眼巴巴地等着你，带他去哪儿都行。

2

不同性格色彩面对爱情中试探的反应

　　恋爱或者婚姻中，我们会用一些方法来考验对方，试探可能是被用的比较多的方法之一，那么不同性格色彩面对试探的反应是怎样的呢？

红色性格

　　红色性格是最喜欢试探，当然也是最讨厌当被试者的。红色性格喜欢试探的原因大抵有几个：第一，把试探当作情趣，认为一考一答，能够增进感情。第二，通过试探来转移注意力缓解自己不安的情绪。第三，自视甚高，把试探当作门槛，挡掉一部分人。而红色性格讨厌当被试者的原因，是因为红色性格会感到自己被质疑，质疑的背后就是不相信。既然连最基本的信任都做不到，那后面就没有什么可以谈的了。而不爽的感觉也会根据试探的问题不同而不同，像"老婆和妈妈同时掉河里"这种权衡亲情、爱情的问题，红色性格尚可以接受，毕竟是都是感情类的。但如果是用金钱来衡量的，那么红色性格会有被羞辱之感，愤怒之情可能瞬间爆发。

不同性格色彩面对爱情中试探的反应

蓝色性格

蓝色性格身上虽然有喜欢怀疑的特质，但蓝色性格却也是一个不愿意主动试探的性格。与其突然冒出一个问题，来考验对方是否真的爱自己，倒不如把这种考验放到平常的生活中，放进时间的长河里，毕竟路遥知马力，日久见人心。主动设置的任何考验都只能代表他当时当下的心意，谁又知他以后是否会改变呢？难道需要一辈子不断设置问题让他打怪攒经验升级吗？由此看来，蓝色性格虽然跟绿色性格一样不会主动来试探对方，还是有很明显的差异。绿色性格是因为相信而不试探，蓝色性格是因为无法永久地扫除顾虑而不试探。

黄色性格

黄色性格会觉得试探这个词停留在小打小闹的范围，还不足以来表达他们对伴侣的考验，他们更希望对方能够主动证明对自己的爱。这两者的差异在于，证明需要对方付出更多的时间、精力或者金钱，而且往往都是对方不容易做到的。这样的证明才足够明显，让黄色性格觉得被试者可以通过考验。

绿色性格

在爱情中，最不会去试探对方的性格是绿色性格。从表面上来，绿色性格的心是很宽的，并不会为"你到底是爱我的人还是爱我的钱"这样的问题纠结，只要你能和我在一起就好了。从深层分析，绿色性格觉得怀疑本身就是一件非常杀脑细胞的活儿，更何况还要思考试探的话，那岂不是更麻烦的事情吗？他们宁可把复杂的事情看得非常单纯，然后在单纯的世界里面自得其乐。而绿色性格应对试探的方式也只有一个，就是以不变应万变。试探本来就来源于对方心中的不确定感，而这种看似傻傻的不变应万变的方法，恰恰反映出了绿色性格稳定的特点，从而帮助绿色性格成功地应对试探。

3

什么性格色彩更容易成为"丁克"

　　"丁克",是指那些具有生育能力而选择不生育,除了主动不生育,也可能是主观或者客观原因而被动选择不生育的人群。随着商品经济的发展,传统的生育观念发生改变,不生育的丁克家庭悄然出现,并呈现出不断扩大的趋势。那么,什么性格色彩更容易成为"丁克"呢?

红色性格

　　红色性格对生活品质的追求是较高的,而较高的品质意味着更加舒适的环境,更加放松的空间以及更加灵活的时间安排。想想,没有养育孩子的经济负担,也没有因为养育孩子而造成的精力上的付出,有的只是两个人自由自在的生活。但在现实中,红色性格真正能够成为丁克的非常非常地少。那是因为红色性格虽然无比向往自由自在的生活,但是敌不过压力。丁克的压力来自两个方面,一方面是家庭内部长辈所给予的。长辈如果不够开明,觉得生儿育女才是婚姻之大事,就会不断地给子女施压。红色性格很容易在这种压力下逃避,尽量减少跟父母的接触。即便如此,红色性格还是会在父母的不断催促中感到无奈和无力。

什么性格色彩更容易成为"丁克"

不同性格色彩谁会更容易成为

丁克？

蓝色性格成为丁克的可能性比较低，在蓝色性格眼中，不生育子女会引起各种各样的问题。

红色性格对生活品质的追求是较高的，没有养育孩子造成的精力付出，有的只是两人自由自在的生活。

黄色性格成为丁克有着先天的条件，黄色性格并不在意他人的看法，抗压能力又是四种性格中最强大的。

这事我说了算

但在现实中，红色性格真正能够成为丁克的非常地少。

因为红色性格虽然无比向往自由自在的生活，

但是敌不过压力。

绿色性格是否会成为丁克一族，不由自己来决定，而是由他们的另一半来决定。

这事你说了算

另一方面来源于朋友和同事，随着年龄越来越大，大家交流的话题开始从自己身上转移到孩子身上。红色性格会因为找不到话题而被排斥，从而引发内心的孤独感。这两个方面都会迫使红色性格妥协，即便一开始高调宣布要成为丁克，到最后可能还是会放弃自己的坚持。

蓝色性格

蓝色性格成为丁克的可能性比较低。蓝色性格本身是特别在意秩序和规则的。对于人伦也会有自己的思考，即便封建社会的"君君、臣臣、父父、子子"让蓝色性格感到无比地压抑，但最终也会认同里面的人伦价值。繁衍后代是人伦道德的最重要的组成部分，蓝色性格轻易不敢跨过这条红线。并且，在蓝色性格眼中，那些不想成为父母，不生育子女的人，对社会，对父母都没有尽到责任。这也是蓝色性格不愿意成为丁克一族的重要原因。

黄色性格

黄色性格成为丁克有着先天的条件，首先，黄色性格并不在意他人的看法。当红色性格还在纠结别人会如何看待自己不生养的时候，黄色性格早就把这些抛在脑后了。黄色性格一心想着就是，我生不生管你屁事，需要你指手画脚？其次是，黄色性格的抗压能力又是四种性格中最强大的，无论是谁要提出生孩子的问题，他们都可以置之不理，也不会因此而做出任何的妥协和让步。尤其重要的一点是，黄色性格天性就喜欢追求事业的成就，他们认为在事业上面能够做出举世瞩目的成就，比生养一个孩子要重要得多。无论对社会还是对自己，都算有一个交代了。因此黄色性格很容易成为工作狂人，也没有时间来考虑生孩子的问题。

绿色性格

　　绿色性格是否会成为丁克一族，不由自己来决定，而是由他们的另一半来决定。绿色性格对生活品质没有什么追求，也不太在意别人对自己的评价，他们活在很小的社交范围里面，眼睛里面全都是另一半。所有的决定都希望由另一半给出，生不生孩子这个事情，当然也最好是对方说了算。

4

什么性格色彩最喜欢给恋人挑衣服

　　恋爱时，我们会用自己的方式去表达爱恋，去关心爱护对方，当然也会选择送一些物质上的东西表达感情。那什么样的性格色彩会通过给恋人挑衣服来释放情感呢？

红色性格

　　红色性格喜欢给恋人挑衣服，红色性格在三种情况下会给恋人挑衣服：第一，自己逛街的时候给自己买的衣服太多，顺便给他买一件，平衡一下；第二，想把自己的另一半打扮打扮，方便带出去展示给别人看；第三，当作礼物送给恋人，寻求恋人的赞美。而最重要的原因是：红色性格就是想表达对对方的好，只管自己付出，不管别人怎么想，就是想对对方好。

蓝色性格

　　蓝色性格不喜欢给恋人挑衣服，原因是蓝色性格并不能确定自己的挑选是否

什么性格色彩最喜欢给恋人挑衣服

红色性格是喜欢的。

黄色性格会直接将对方带到自己熟悉的店里面挑选出自认为适合的衣服，让对方试穿，然后买单回家。

蓝色性格不喜欢给恋人挑衣服。因为蓝色性格不能确定自己的挑选是否百分百地适合恋人。

绿色性格不喜欢给恋人挑衣服。绿色性格连自己穿什么都不在意，更别谈去给对方挑衣服了。

黄色性格喜欢给恋人挑衣服，但不喜欢陪着逛街。

绿色性格即便被拉去逛街，你要他给你出主意时，他也很难说出个所以然来，最多一句，"你喜欢就好"。

你喜欢就好

就百分百地适合恋人，也不能确定恋人是否一定会喜欢自己的挑选。他们也会担心自己的挑选会给对方造成一些困扰或者麻烦。所以蓝色性格不会主动挑选。蓝色性格更愿意是在对方在几件衣服中犹豫不定，向自己讨主意的时候，再给出自己的观点。

黄色性格

黄色性格喜欢给恋人挑衣服，但不喜欢陪着逛街。黄色性格不喜欢逛街的原因是，逛街的效率太低，很浪费时间。他们宁可熟记一些品牌的设计风格和理念，等到需要的时候就直接过去挑选，而不是沿着街边的小店一路逛下去。所以黄色性格会直接将对方带到自己熟悉的店里面，挑选出自认为适合的衣服，让对方试穿，然后买单，回家。

绿色性格

绿色性格不喜欢给恋人挑衣服。绿色性格连自己穿什么都不在意，更别谈去给对方挑衣服了。更何况，绿色性格也担心万一挑出来的衣服，对方不喜欢，自己会很麻烦。如果结婚了，自己挑选了衣服，被另一半批评乱花钱，自己更麻烦。所以绿色性格不会主动来挑衣服。即便被拉去逛街，你要他给你出主意时，他也很难说出个什么来，最多一句，"你喜欢就好"。

5

不同性格色彩父母对子女感情的干涉

有一个特别火的电视剧叫《我的儿子是奇葩》，里面讲了父母对子女感情的干涉和焦虑。当下，大多数父母的确是经常着眼于子女的感情，视为下辈子的唯一核心，有些孩子迫于父母之命，草率成婚，有些则拼死抗拒，到底哪些父母会不由自主的横加干涉子女感情呢？

红色性格

红色性格的父母，在乎的是孩子是否开心快乐，对他们的婚姻大事，并没有特别干涉。但经不起身边邻里乡亲的关心、询问甚至八卦，也会着急焦虑。如果孩子自己过得开心愉快，或者身边没有众人评论的压力，红色性格的父母往往就随孩子自己的选择了。

蓝色性格

四种性格中最为挑剔的非蓝色性格莫属了，所以要得到蓝色性格家长的认可

不同性格色彩父母对子女感情的干涉

再也没有比红色性格父母更喜欢参与孩子的婚姻大事的了。

黄色性格家长在家庭里往往有着绝对的话语权。

生活中很多父母甚至会替子女安排相亲。

而所谓的企业联姻或者政治婚姻，是位高权重的黄色性格家长单说了算。

四种性格中最为挑剔的非蓝色性格莫属了。

绿色性格最不喜欢与人发生冲突，但求家里平安和气。

儿孙自有儿孙福

和赞同可不是一件容易的事情。而子女感情上的变化基本上瞒不过蓝色性格敏锐的观察力。一旦蓝色性格的父母对你的恋情不满，蓝色性格不会像红色性格那样勃然大怒，也不会像黄色性格那样决绝强势。但是蓝色性格的旁敲侧击也许才是真正让人头疼难耐的。

黄色性格

黄色性格的父母在家庭里往往有着绝对的话语权，孩子成长的每一步几乎都会被安排好，所以在感情和婚姻大事上，大多数黄色性格父母也会有所安排。而所谓的企业联姻或者政治婚姻，是位高权重的黄色性格长辈说了算。即使在普通家庭中，黄色性格的父母也会显得强势。

绿色性格

绿色性格最不喜欢与人发生冲突，但求家里平安和气，所以绿色性格的父母不太会干涉子女的情感。即便子女找的另一半可能不是那么理想，绿色性格也会安之若素，"儿孙自有儿孙福"，这句话大概就是为绿色性格父母而作。

6

不同性格色彩的剩女指数

2007 年教育部发布的《中国语言生活状况报告（2006）》中"剩女"成为 171 个汉语新词语之一，是指已经过了社会一般所认为的适婚年龄，但是仍然未结婚的女性，说来话长义上是指 27 岁以上的单身女性。在性格色彩中，不同性格色彩剩女指数的排列是怎样的呢？她们又是基于怎样的原因成为剩女的。

红色性格

红色性格是四种性格中情感最为丰富且外露的人群，多数红色性格的一生都在追求着不同的情感体验。社会各种相亲网站、相亲节目上常常看到有姑娘貌美如花、多才多艺、八面玲珑，在台上顾盼生姿地寻找另一半。众人感叹这样美丽优秀的女子都找不到另一半吗？殊不知正是因为此类女子美丽大方，活泼开朗，追求者络绎不绝，经历过几次感情之后，发现总是有更好的人出现，而且总觉得自己尚且有资本，总想着后面一定会有更好的他出现。就这样尝试着等待着，一来二去时间悄悄流逝，不知不觉等成了"大龄剩女"。红色性格成为剩女多半不是不愿意降低标准，而是因为一直在比较，挑花了眼。

不同性格色彩的剩女指数

红色性格是四种性格中情感最为丰富且外露的人群。

典型的黄色性格不太会有千回百转、藕断丝连的爱情故事，因为黄色性格关注目标，而很少受到情感的干扰。

蓝色性格女干应该是最不可能为了婚姻将就的人了，蓝色性格的情感丰富且内敛，天性中的蓝色性格渴望内在默契。

黄色性格女干成为剩女的，绝大多数是工作狂。

若是碰不到那个正确的人，或者遇到了却不能相守，蓝色性格甚至愿意孤独终老也不会将就了事。

在剩女队伍中，绿色性格的比例是最小的。在绿色性格眼中，对于爱情，只有爱或者不爱，没有程度的区别。

蓝色性格

蓝色性格女子应该是最不可能为了婚姻将就的人了，要说最不愿意降低标准选择另一半的，恐怕也是非蓝色性格莫属。蓝色性格的情感丰富且内敛，蓝色性格天性中渴望内在的默契，若是碰不到那个正确的人，或者遇到了却不能相守，蓝色性格甚至愿意孤独终老也不会将就了事。

黄色性格

相比红色性格和绿色性格来说，典型的黄色性格不太会有千回百转、藕断丝连的爱情故事，因为黄色性格天性关注目标，而很少受到情感的干扰。他们果断干脆，喜欢控制，他们崇拜强者，鄙视弱者，这一点在情感上也是如此。黄色性格的女性多数会选择征服一个有难度的男性，或者被一个比自己更强势、更成功，能够让自己崇拜的男性所征服。黄色性格女子成为剩女的，绝大多数是工作狂，他们永远在追求事业上一个又一个的高峰，没有爱情和婚姻好像也不是一件不能接受的事情。

绿色性格

在剩女的队伍中，绿色性格的比例大概是最小的。在绿色性格女人的眼中，对于爱情，只有爱或者不爱，没有程度的区别。他们没有强烈的情感起伏，有时候她自己也搞不懂什么是爱情。到了一定的年纪，只要有异性发起追求，甚至连身边的亲人朋友们的安排，绿色性格也能接受。她们仿佛是最容易"被安排"的那一群女子，因为她们要的真的也只有那一点点。

7

什么性格色彩的丈夫会私下接济前妻

对于再婚的人来说，上一个家庭问题有时会直接影响现在家庭的幸福，其中，是否从经济上接济有困难的前妻，是现任家庭最为敏感的话题，什么性格色彩的丈夫会私下接济前妻呢？

红色性格

红色性格的情感一般较为丰富，而且不记仇，面对自己曾经共同生活的前妻，毕竟两人有过一段感情，出于情理或是出于同情，红色性格都极有可能去伸出援助之手。又因为不想影响与现任妻子的感情，说了也许会遭到强烈的反对，到时候两边不讨好，所以干脆选择不说。再者红色性格很容易产生侥幸心理，盲目乐观，也许只要做得隐蔽一些，妻子就不会发现，两边就会相安无事。

蓝色性格

蓝色性格与红色性格一样都是情感丰富的人群，只是表达情感的方式大相径

什么性格色彩的丈夫会私下接济前妻

出于情理或是出于同情，红色性格都极有可能去伸出援助之手。

对于黄色性格而言，黄色性格关注目标，很少受到情感的影响。

如果结束一段婚姻，黄色性格必定会在经济上做好妥善的处理。

红色性格想要做得隐蔽一些，妻子就不会发现，两边就会相安无事。

在四种性格里面，绿色性格是最不愿意与人起冲突的颜色。

蓝色性格大多有自己的原则，在做决定之前，会经过长时间的慎重思考。

如果前妻要求，而且自己经济能力又允许的话，可能会去接济。绿色性格大多会跟妻子商量，把这个难题交给妻子做决定。

庭。红色性格直接开放，蓝色性格含蓄委婉。而且蓝色性格大多有自己的原则，在做决定之前，会经过长时间的反复慎重的思考。甚至会想到所有可能的情况。所以如果蓝色性格在不违反自己做人的原则下，在思考后觉得私下接济是最好的方式，那么蓝色性格也许会这样做，而且对各种可能的结果都会有所预估。蓝色性格的思考分析能力，对于可能发生的情况的预估能力，是性格中没有蓝色性格望尘莫及的。

黄色性格

对于黄色性格而言，黄色性格关注目标，很少受到情感的影响。如果结束一段婚姻，黄色必定会在经济上做好妥善的处理。日后前妻的日子如果过不好，黄色性格基本上不会主动去接济，因为在黄色性格看来那是她前妻自己的生活，更是她自己的责任。如果前妻主动来寻求黄色的帮助，黄色会客观评估此时的情况再去决定，受两人之前情感因素的影响不大。一旦接济了，也不会刻意隐瞒或刻意知会现在的妻子，因为这是我的事，没必要跟你解释。

绿色性格

在四种性格里面，绿色性格是最不愿意与人起冲突的颜色。一般来讲，一个典型的绿色性格绝不会主动去接济前妻，多一事不如少一事，绿色性格不会主动给自己找麻烦，如果前妻要求而且自己经济能力又允许的话，可能会去接济。但是"私下"的可能性不大，绿色性格大多会跟妻子商量，把这个难题交给妻子去做决定，反正两边不得罪，能少一事是一事。最好你们相安无事。再退一步讲，其实绿色性格很少会陷入这种状况中，因为绿色性格极少会主动离婚和再结婚，对生活的宽容接纳，使得绿色性格的生活相对平缓和安定，不会有很大的风波。

8

不同性格色彩姐弟恋的倾向

　　当自己选择的另一半不能得到家人认可的时候，不同性格的人有不同的反应，但是如何反应更多地与性格有关，而与性别无关。也就是说，红色性格的男性或者女性，在对待家庭反对的立场上，大同小异，其他性格亦然。

红色性格

　　红色性格的感情热烈奔放，热恋中的红色性格，觉得自己找到了全世界最了不起的伴侣，发自内心地感到巨大的幸福和兴奋，热恋的时候恨不得 24 小时与对方绑定在一块，这个时候外界的反对反而更激起红色性格更大的在一起的决心。电影《泰坦尼克号》中，Rose 爱上 Jack，决定抛弃自己富有的未婚夫与 Jack 一起逃离，最后演绎成震撼人心的生死绝恋。这样的例子在生活中更是比比皆是。但真在一起相处后，现实的残酷，生活的琐碎可能会取代，起初的刺激新鲜，加上小男生不够成熟稳重和包容，很容易激发红色性格女性的情绪化，当两个人不能互相理解而相互指责的时候，可能就会出现矛盾。

蓝色性格

再也没有比蓝色性格更能演绎对情感的执着，一旦确认对方就是自己要找的人，蓝色性格内心可能一辈子都难以动摇。如果"姐弟恋"不被家人所看好，蓝色性格的内心可能会无比痛苦，但是蓝色性格不会像红色性格一样选择私奔这样激烈的方式，对家庭的责任感和对爱情的执着会反反复复折磨着蓝色性格。即便最后蓝色性格在亲人的反对下与爱人分开，这份感情也还是会铭记一生，甚至终生不娶不嫁。

黄色性格

黄色性格的女性自小对所有事情都有着极强的操控力，与什么人谈恋爱，那自然是自己说了算。如果黄色性格的女性选择了姐弟恋，而家人反对的话，绝大多数的黄色性格不会受亲人的影响而有所改变，黄色性格内心坚定、行为果断，自己选择的自己负责，就算日后感情出现问题，也不会自己轻易承认自己的选择出错了。

绿色性格

绿色性格天性对于情感的依赖相对来说比较小，如果绿色性格的女性姐弟恋受到家人的反对，绿色性格最后可能会在家人的劝说下选择放弃。如果绿色性格的爱人不愿意分手而反复纠缠的话，那往往会成为爱人和亲人之间的较量，谁能说服另一方，绿色性格便会选择听谁的，反正谁也不得罪。

不同性格色彩姐弟恋的倾向

当自己选择的另一半不能得到家人的认可的时候，不同性格的人有不同的反应。

再也没有比蓝色性格更能演绎对情感的执着。一旦确认对方就是自己要找的人，蓝色性格内心可能一辈子都难以动摇。

红色性格的男性或者女性，在对待家庭反对的立场上，大同小异，其他性格亦然。

黄色性格的女性对所有事情都有着极强的操控力，与什么人谈恋爱，那自然是自己说了算。

红色性格的感情热烈奔放，热恋中的红色性格，发自内心地感到巨大的幸福和兴奋。

绿色性格天性对于情感的依赖相对来说比较小。

9

什么性格色彩的父母会逼着子女相亲

对于很多父母来讲，子女感情的稳定是他们比较关心的问题，到了谈婚论嫁的年龄，如果终身大事尚未解决，有些父母便开始利用自己的力量去为子女操持，而相亲算是最传统的方式了，什么样的父母会格外干涉或逼迫子女去相亲呢？

红色性格

典型的红色性格情感丰富外露且对子女的感情大事格外热心关注。一旦子女到了适婚年龄，就开始张罗着为子女介绍对象，如果子女不配合相亲安排反而强调自己要自由恋爱。在没有出现满意的人选之前，红色性格的父母会更加着急，好说歹说、软硬兼施也要逼着子女去相亲。

蓝色性格

蓝色性格的父母也会着急子女的终身大事，但是典型的蓝色性格沉稳，情感内敛，虽然心里也很着急，但是不会像红色性格那样整天唠叨，他们不会直接逼着子

什么性格色彩的父母会逼着子女相亲

什么性格的父母会逼着子女去相亲？

蓝色性格的父母也会着急子女的终身大事。

他们不会直接逼着子女去相亲，而往往采取暗示的方式提醒子女，引起注意。

典型的红色性格情感丰富外露且对子女的感情大都格外热心关注。

一旦子女到了适婚年龄，就开始张罗着为子女介绍对象。

黄色性格的父母多半强势且有控制欲，希望子女能听取自己的意见。

如果子女不配合相亲安排，红色性格的父母会更加着急，好说歹说也要逼着子女去相亲。

绿色性格的父母心态平和，凡事包容且忍耐，大多不会逼着子女去相亲。

女去相亲，而往往采取暗示的方式提醒子女引起注意，而蓝色性格父母自己内心往往备受煎熬。

黄色性格

黄色性格的父母多半强势且有控制欲，凡事喜欢自己拿主意，对子女的终生大事，也多半希望子女能听取自己的意见。所以，黄色性格父母安排子女去相亲是再正常不过的事情了。

绿色性格

绿色性格的父母心态平和，凡事包容且忍耐，就算看着子女到了适婚年龄却还是一个人，没有谈恋爱的迹象，绿色性格父母大概是最淡定的父母了，他们相信"儿孙自有儿孙福"，他们甚至会觉得晚一点结婚其实也没什么不好。反正自己也帮不上忙，就让子女自己拿主意吧。所以绿色性格的家长大多不会逼着子女去相亲。

10

不同性格色彩的子女被父母逼着相亲时的反应

对于自己的感情事，不是所有年轻人都会坦然面对父母的有意安排，尤其是有些父母还是用强硬的手段，这个时候，不同性格色彩的反应是不同的。

红色性格

红色性格天性活泼开放，追求自由的情感，是最不喜欢被别人约束的。大部分的红色性格到了一定年纪却还迟迟未能走进婚姻的殿堂，并不是他们不想结婚，往往是因为红色性格追求情感的体验，总觉得最好的在后头，选择太多从而不知道选哪个好，从而在不断的纠结选择和期待下一个的过程中，拖沓成"剩男剩女"。而就算是如此这般，红色性格如果被父母逼着去相亲，还是会反抗，找各种理由不去相亲，就算不情不愿地去了，也是敷衍了事。

蓝色性格

蓝色性格的情感深邃而执着，如果不能遇见自己喜欢的另一半，蓝色性格宁缺勿滥，愿意一直等下去。而蓝色性格的感情也相当地执着坚持，一旦遇见自己喜欢的人，也再难对其他人产生兴趣。所以如果被父母逼着去相亲，蓝色性格心中并不愿意直接与父母发生冲突，而对于感情近乎于偏执的要求又不愿意去相亲，这些只会让蓝色性格心中无比地痛苦。他们或许会使用各种理由不去相亲，实在抵抗不过的时候，即便是去了，也不会多发一言。

黄色性格

黄色性格从小就在任何事情上面，都明确地知道自己要什么、不要什么，他们对于目标明确而有计划有策略有方法，而且他们总能证明自己是对的。如果性格中有比较多的黄色性格成分，他们对于爱情，一早就知道自己需要什么样的另一半，因此面对父母安排的相亲，如果黄色性格目前并没有在交往的对象，那么黄色性格会去赴约，但黄色性格的做法是速战速决，他不会在一个对象身上花太多时间，会快速评估是否有再继续交往下去的必要。

绿色性格

在父母安排相亲这件事情上面，绿色性格的子女大概是最合作的了，甚至父母亲还不用强行逼迫，绿色性格就颇为合作地去赴约了，因为天性中的绿色性格情感上温和平淡，他们不像红色性格和蓝色性格对于爱情那么敏感，所以极少会在情感上主动采取行动。所以一旦父母安排了相亲，绿色性格不但不会抗拒，反倒会觉得省心省力。而且绿色性格对于爱情并没有强烈的情感起伏，对方给予小小的情感，他们就能给予反应，因为他们需要的也仅仅是那么一点点。

不同性格色彩的子女被父母逼着相亲时的反应

被父母逼着去相亲,不同性格的子女会怎么做?

面对父母安排的相亲,黄色性格一般会不以为然,因为在黄色性格看来,没有明确目标地去做一件事情是没有意义的。

红色性格如果被父母逼着去相亲,会找各种理由不去相亲,就算不情不愿地去了,也是阳奉阴违,交差了事。

在父母安排相亲这件事情上面,绿色性格的子女大概是最合作的了。

蓝色性格被父母逼着去相亲,蓝色性格并不愿意直接与父母发生冲突,又不愿意去相亲,这些会让蓝色性格心中无比地痛苦。

一旦父母安排了相亲,绿色性格不但不会抗拒,反倒会觉得省心省力。

11

什么性格色彩会为爱疯狂

不同的人对爱的定义不同，在恋爱中的表现也不同，有的人可以保持自我，有的人则是全情投入，什么性格色彩的人会为爱疯狂呢？

红色性格

红色性格在爱情中，愿意以极大的付出来试图感动对方，从而让对方接纳自己。这是红色性格最常见的付出模式。但是一旦过当，红色性格会放大自己的感受，忽略掉对方的感受，最终演变成自己感动自己的闹剧。越付出越觉得自己不容易，越感动于自己的艰辛，越觉得自己要更努力地付出，如此恶性循环下去，最终进入万劫不复的境地。可谓是，一处相思两般苦，怎不叫人唏嘘。

蓝色性格

蓝色性格也很敏感，对爱情也非常地执着。但是蓝色性格有一个特质让蓝色性格不容易变成红色性格那样疯狂的追求者。蓝色性格在表达自己的感情时，更

什么性格色彩会为爱疯狂

红色性格在爱情中，愿意以极大的付出来试图感动对方，这是红色性格最常见的付出模式。

黄色性格不会成为疯狂的追求者，原因是黄色性格的自控能力比红色性格强。

正是因为他们对感情的自控太强，也容易给人造成冷漠的印象。

但是一旦过当，红色性格会放大自己的感受，忽略掉对方的感受，最终演变成自己感动自己的闹剧。

绿色性格不会成为疯狂的追求者，原因是绿色性格在情感关系里面相对被动许多。

他们不擅于主动的表达自己的情感，

同时也缺乏主动追求他人的动力。

蓝色性格对爱情也非常的执着。但是蓝色性格在表达自己的感情时，更喜欢委婉，经常用暗示的方式来表达。

他们宁可将幸福理解为随缘而非主动追求。

没有得到对方的正确回应，绿色就再也没有动力继续下去了。

喜欢委婉，经常用暗示的方式来表达，虽然不如红色性格直接，但却也不会对对方造成骚扰。在《一个陌生女人的来信》中，如果不是到了生命的最后，恐怕女人永远都不会让对方知道自己深深的迷恋。

黄色性格

黄色性格不会成为疯狂的追求者，原因是黄色性格的自控能力比红色性格强。黄色性格能够很好的将自己的付出控制在一个有限的范围里面，不会无边无际地投入。这是黄色性格的优势，当然从另一个角度，你可以理解为，正是因为他们对感情的自控太强，也容易给人造成冷酷的印象。

绿色性格

绿色性格不会成为疯狂的追求者，原因是绿色性格在情感关系里面相对被动许多，他们不擅于主动地表达自己的情感，同时也缺乏主动追求他人的动力。他们宁可将幸福理解为随缘而非主动追求。即便绿色性格有表达爱慕之意的行为，一旦没有得到对方的正确回应，绿色性格就再也没有动力继续下去了。

12

不同性格色彩听到"我没你想象中那么好"的反应

男生对女生说"我喜欢你"，女生的回答是："其实我没有你想象中的那么好。"如果你是他，你会怎么想？

红色性格

红色性格男生听到女生的回应后，其实三种情况都会考虑到，也许是拒绝，也许是同意，也许是矜持。很多人事后都会跑到论坛上发个帖子去询问女生到底是什么意思。其实这个问题的答案除了当事女生，没有任何人能够给出准确的答案。在听到女生回应的那一刻，红色性格本能地会很乐观地认为，女生是在矜持地给自己希望，所以一般都会进一步地表白。

蓝色性格

蓝色性格是悲观主义者，看事情喜欢往坏的地方看。当他们听到这样模棱两可的回应时，本能地会觉得这是对自己的拒绝，而不会考虑其他可能了。当然一

不同性格色彩听到"我没你想象中那么好"的反应

如果男生对女生说：

我喜欢你。

如果男生是蓝色性格

蓝色性格是悲观主义者，看事情喜欢往坏的地方看。

当他们听到这样模棱两可的回应时，本能地觉得这是对自己的拒绝，而不会考虑其他可能了。

女生的回答是：

其实我没有你想象中的那么好。

如果你是他，你会怎么想？

如果男生是黄色性格

黄色性格一定要打破砂锅问到底，女生的回应相当于没有回答自己的表白。

行还是不行，给个准话吧！

如果男生是红色性格

红色性格男生听到女生的回应后，其实三种情况都会考虑到，也许是拒绝，也许是同意，也许是矜持。

在听到女生回应的那一刻，红色性格想不通她会很乐观地认为，女生是在矜持地给自己希望，所以一般都会进一步地表白。

如果男生是绿色性格

绿色性格也不太可能去主动地说出『我爱你』，因为他们会考虑假如女生不喜欢自己，自己的表白会让女生不好回应。

哦

般情况下，蓝色性格也绝对不可能对喜欢的女生说出"我爱你"，这会让蓝色性格觉得极度肤浅而且会将自己逼入一种无路可退的境地。当蓝色性格觉得自己被拒绝后，会什么都不说，默默地一个人走开。他们需要时间和空间来平缓自己内心巨大的痛苦。

黄色性格

黄色性格一定要打破砂锅问到底，女生的回应相当于没有回答自己的表白。对于这种模棱两可的回答，黄色性格是不会接受的。黄色性格也不愿花费更多的时间去揣测女生的心思，所以黄色性格会追问女生，"到底是什么意思？行还是不行，给个准话吧！"

绿色性格

绿色性格也不太可能去主动地说出"我爱你"，因为他们会考虑假如女生不喜欢自己，自己的表白会让女生不好回应。除非是很多很多年的感情，一直在一起，那么绿色性格才有可能鼓起勇气来表白。这点从《阿甘正传》中就能感觉的到。当然如果女生回应说，我没有你想象的那么好，绿色性格会回应一声"哦"。然后该干什么干什么。绿色性格回应"哦"的意思是表示，我听到你说的话了。

如何拒绝表白

1.当你意识到别人可能会喜欢你，而你又不喜欢他的时候，请减少跟他在一起的时间，不要让他有机会表白，这是减少伤害的最重要的方法。

2.如果真的到已经表白的环节了，那么你必须明白：只要是有拒绝就一定会有伤害，但有时，委婉的方式比明确的拒绝更折磨人，所以明确的拒绝是最快刀斩乱麻的方式。

3.拒绝之后他的难过是需要他自行恢复的，此时你没有办法去安慰他。安慰反而会引发不必要的误会。

如何拒绝表白

13

不同性格色彩的恋爱行为表现

爱情是一种美好的事物，大部分人都渴望身边有一个懂自己、爱自己、理解自己的人。而当进入恋爱时期后，不同性格色彩的恋爱行为表现却是不同的。

红色性格

红色性格在两种情况下会非常紧密地贴近恋人，第一，红色性格需要通过不断地付出让对方感动，从而让对方接受自己。第二，红色性格处于非常焦虑的状态，担心恋人会跑掉，于是采取步步跟随、一步不让的策略。

蓝色性格

蓝色性格不会寸步不离地跟随，因为蓝色性格自己就很需要个人的空间，怎么还会无限制地来贴近恋人呢？蓝色性格会很有规律的发短信或打电话问候和关心对方，但不会轻易地让自己整天整天陪在恋人的身边。

不同性格色彩的恋爱行为表现

我们恋爱了

黄色性格

告诉他哪些人可以交，哪些人不能交。黄色性格是完全有可能在一段时间里面采取紧紧跟随的方式的。

黄色性格是有控制欲的，为了更好地了解恋人的生活习惯，帮助他改掉不良嗜好，帮助他回避可能出现的危险，

红色性格

第二，红色性格处于非常焦虑的状态，担心恋人会跑掉，于是采取步步跟随、一步不让的策略。

第一，红色性格需要通过不断地付出让对方感动，从而让对方接受自己。

但也仅限于一段时间内，当黄色性格已经完全掌握了这些信息，

并且确定没有人跟自己抢恋人，那么黄色性格会慢慢放松一些，从微观管理转移到宏观调控。

蓝色性格

蓝色性格会很有规律地发短信或打电话问候和关心对方。

蓝色性格不会寸步不离地跟随。

绿色性格

如果不是恋人主动提出来要求每天接送上下班、每天必须发短信，绿色性格很难做出这样的行为。

黄色性格

黄色性格是有控制欲的，恋爱的过程是了解对方的过程，也是考察自己对恋人影响力的过程。黄色性格可能会做一些不同的尝试，以此达到自己想要的亲密关系状态。

绿色性格

绿色性格管理自己都很麻烦了，是没有心情来管理恋人的。如果不是恋人主动提出来要求每天接送上下班，每天必须发短信，双休必须待在一起，绿色性格很难做出这样的行为。

14

不同性格色彩的情感信任

信任是感情得以长久的一个基础条件，而每个人对于信任的理解和表现的方式也是不一样的。

红色性格

红色性格的信任，就是把自己交给对方，同时也要对方交给自己。不是有句歌词叫"爱得深的恨不得互为血肉"吗？这是红色性格对信任的最好诠释。红色性格对信任的理解充满着浪漫主义和理想主义的色彩，最好是两个人能够互相成为彼此的一部分。但在现实中，这样的憧憬往往面临着巨大的挑战。毕竟是两个人，无论是在职业、兴趣、交友上都会有一些差异，那种互为血肉的情况恐怕永远都没办法出现。

蓝色性格

默契是蓝色性格对信任的所有诠释。两人在长期生活的基础上培养出来的默契，会让蓝色性格产生安全感。蓝色性格看书的时候，递上一杯茶；蓝色性格需

不同性格色彩的情感信任

红色性格的信任，就是把自己交给对方，同时也要对方交给自己。

黄色性格的信任，需要由事实来证明。要取得黄色性格的信任，光凭嘴上承诺恐怕还是远远不够的。

红色性格对信任的理解充满着浪漫主义和理想主义的色彩，最好是两个人能够互相成为彼此的一部分。

黄色性格更相信自己见到的，而非听到的。

蓝色性格的信任，就是一种默契。两人在长期生活的基础上培养出来的默契，会让蓝色性格产生安全感。

绿色性格的信任，其实更像是一种习惯。绿色性格对信任的理解就是长期相处以来的一种稳定状态。

要空间时，让他一人独处。这些看似不经意的行为，持续久了就会成为蓝色性格信任的基石。"身无彩凤双飞翼，心有灵犀一点通"，既是蓝色性格对爱情理想状态的向往，又是默契和信任的真实写照。

黄色性格

黄色性格的信任，需要由事实来证明。要取得黄色性格的信任，光凭嘴上承诺恐怕还是远远不够的。黄色性格更相信自己见到的，而非听到的。一个黄色性格的学员在网上交了一个异地的女朋友，这种远在天边的恋情让黄色性格非常不安。于是，黄色性格提出让女友离开家乡到自己所在的城市来生活。女友没有犹豫，第二天就递交辞呈，晚上就飞到了黄色性格所在的城市。也许你会觉得这个女孩太草率，但事实是，这样的举动确实会让黄色性格相信她的爱。当然从另一个角度来看，要获得黄色性格的信任也是不容易的。一旦黄色性格发现你的蛛丝马迹当中有任何值得怀疑的行为，审查机制就会重新打开。

绿色性格

绿色性格的信任，其实更像是一种习惯。绿色性格不如红色性格那样激情四射，也不如蓝色性格那样深邃默契，更不像黄色性格捕风捉影。绿色性格对信任的理解就是长期相处以来的一种稳定状态。除非有非常明显的背叛事情发生，否则绿色性格不愿意打破自己的习惯，去怀疑别人。怀疑他人，太累，绿色性格不干。

15

不同性格色彩如何面对诱惑

无论是恋爱时期还是婚姻阶段，我们的情感都会面对各种不同的诱惑，面对诱惑，不同性格的人是如何应对的呢？什么性格更容易受到诱惑？

红色性格

红色性格是情感最丰富的，同时也容易成为最贪心的人。在一生当中，会遇到非常多让他们动心的异性。而每一个都会有不同的魅力，红色性格喜欢他们的原因其实都不太一样。也许喜欢张三的外貌，喜欢李四的声音，喜欢王五的学识，喜欢赵六的气质……但不能由此而推论出，红色性格就是最容易背叛的性格，因为也有很多譬如徐志摩这样愿意为林徽因守候一生的大红色性格存在。所以红色性格面对诱惑很容易陷入纠结的状态。一方面因为注意力和兴趣点容易转移，所以会喜欢不同的对象。另一方面，为了寻找理想的深度爱情又宁可放弃掉整个森林。

不同性格色彩如何面对诱惑

红色性格是情感最丰富的性格，同时也容易成为最贪心的人。

也许喜欢张三的外貌

喜欢李四的声音

喜欢王五的学识，喜欢赵六的气质

有一点不具备，他们都不会轻易动心，这就是蓝色性格的完美主义，而且蓝色性格一旦进入感情中，又很不容易出来。

爱上一个人只要一秒，忘掉一个人却要一生。

但不能由此而推论出，红色性格就是最容易背叛的性格。

为了寻找理想的深度爱情又宁可放弃掉整个森林。

黄色性格是喜于打破规则的，对婚姻的制约并没有那么地上心。所以黄色性格对诱惑的判断就是值得或不值得。

蓝色性格对于情感，是最挑剔的性格。蓝色性格若要遇到一个让自己心动的人，恐怕相对要难很多。

他们希望出现的一个人是集张三的外貌，李四的声音，王五的学识，赵六的气质于一身的人。

绿色性格很容易成为"被诱惑"的对象。绿色性格即使是不情愿，但是对方既然开口了，那就还是去吧。绿色性格去的理由仅仅是照顾对方的感受。

蓝色性格

　　蓝色性格对于情感，是最挑剔的性格。蓝色性格若要遇到一个让自己心动的人，恐怕相对要难很多。他们希望出现的一个人是集张三的外貌、李四的声音、王五的学识、赵六的气质等等于一身的人。哪怕有一点不具备，恐怕都不会轻易动心，这就是蓝色性格的完美主义。而且蓝色性格一旦进入感情中，又很不容易出来。有句话叫"爱上一个人只要一秒，忘掉一个人却要一生"。这句话的前半段是说红色性格的，后半段说的却是蓝色性格。蓝色性格真的需要一生才能忘掉曾经心动的人。《廊桥遗梦》中蓝色性格的弗朗西丝卡，到最后也没能走出婚姻的制约，直到守着心中的爱情死去。

黄色性格

　　黄色性格是擅于打破规则的，对婚姻的制约并没有那么上心。当然这并非是说黄色性格视婚姻如儿戏，他们仅仅只是为自己的原因而选择进入或走出婚姻而已，不容易被舆论及道德束缚。单从婚姻关系来看，黄色性格是四种性格中唯一心甘情愿愿意接受政治婚姻的。"婚姻的本质就是等价交换"一位黄色性格的学员这么说道。所以黄色性格对诱惑的判断就是值得或不值得。一旦下定决心，黄色性格就会按照自己的意愿来行事了。

绿色性格

　　绿色性格很容易成为"被诱惑"的对象。绿色性格即便是不情愿，但是对方既然开口了，那就还是去吧。绿色性格去的理由仅仅是照顾对方的感受。与红色性格不同的是，绿色性格不会受到情绪的干扰，不会纠结，也不会忐忑。

16

....

什么性格色彩会为爱私奔

　　私奔指的是不顾家人、长辈反对，私自与恋人一起逃离各自家庭后自行结合。

　　在性格色彩的理论里面，蓝色性格对于规则相对于其他三色性格是比较遵守的。红色性格和黄色性格是喜欢突破规则的限制，跳到规则以外的。因此，在私奔的人群中，红色性格和黄色性格的比例最多。而蓝色性格和绿色性格的较少。

红色性格

　　红色性格从骨子里面并不在乎规则的限制，为了自由，生命都可以不要，规则又算得了什么呢？只是红色性格一开始会很担心别人对自己的看法，倘若私奔，别人会怎么看待我？是把我当作为爱情而奋斗的勇者，还是不伦不孝的懦夫？这个问题是红色性格最为纠结的问题。如果有外力来帮助红色性格突破这一点，那么红色性格会选择私奔。

什么性格色彩会为爱私奔

私奔指的是不顾家人、长辈反对，私自与恋人一起逃离各自家庭后自行结合。

蓝色性格内心中也很愿意为爱勇敢一回。

对于红色性格敢于自由追求爱情的举动也是极为赞赏的。

考虑到自己无法面对突破规则后的自己，而趋于放弃。

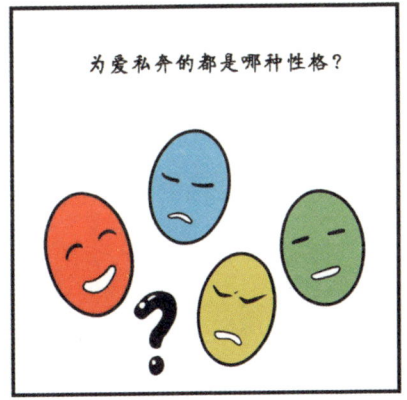

为爱私奔的都是哪种性格？

黄色性格并不在意规则，愿意打破规则来行事。

但这并不表示黄色性格就会选择私奔。

面对阻力，黄色性格更愿意思考如何正面地排除阻碍，而非选择逃跑。

红色性格从骨子里面并不在乎规则的限制。

为了自由，生命都可以不要，规则又算得了什么呢？

绿色性格是完全没有私奔的意愿的。

私奔以后所面临的颠沛流离的状态有违他们追求安稳的需要。

更何况私奔意味着会惹恼家人，这也是绿色性格无法逾越的高墙。

蓝色性格

蓝色性格内心中也很愿意为爱勇敢一回，对于红色性格敢于自由追求爱情的举动也是极为赞赏的。但搁在自己身上，则会因为考虑更多道德的制约，考虑到自己无法面对突破规则后的自己，而趋于放弃。

黄色性格

黄色性格并不在意规则，愿意打破规则来行事。但这并不表示黄色性格就会选择私奔。因为面对对方父母的阻力，私奔只是一种选择而不是唯一选择。在典型的黄色性格眼中，私奔就等于逃跑，这是让他无法接受的。面对阻力，黄色性格更愿意思考如何正面地排除阻碍，而非选择逃跑。

绿色性格

绿色性格是完全没有私奔的意愿的，私奔以后所面临的颠沛流离的状态有违他们追求安稳的需要。更何况私奔意味着会惹恼家人，这也是绿色性格无法逾越的高墙。

17

不同性格色彩在感情中的受伤指数

为什么失恋之痛会如此刻骨铭心？失恋后的痛苦程度与男女没有绝对的关系，而与性格的关系更为密切，所以现在我们以性格的视角来剖析痛苦的来源。

红色性格

如果你身边有红色性格，他的失恋是很容易被觉察到的。毕竟红色性格并不擅长伪装自己的情绪，从某种意义上说，红色性格甚至希望将失恋后的痛苦写在脸上，从而获取他人的同情和关注。造成红色性格痛苦的原因其实有两个，第一个叫依赖。

对于红色性格而言，依赖的感觉就是两个人在相处过程中，互相融入的感觉。一旦分开后，就有如撕裂般的疼痛。造成红色性格痛苦的第二个原因，就是红色性格会觉得自己没有价值或者价值感降低了。

红色性格的价值感很多时候是依托于外界而存在的，就是"你爱我，我便会发光发热；你若不爱，我便一文不值"。

不同性格色彩在感情中的受伤指数

为什么失恋之痛会如此刻骨铭心？

在失恋里，还有一种性格也是极为痛苦的，那就是蓝色性格。

一旦分手，蓝色性格的第一反应就是，此生不会再有如此契合的人出现了。

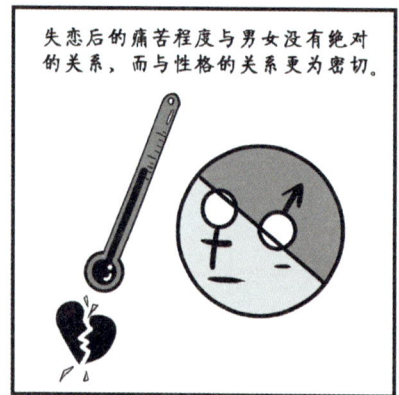

失恋后的痛苦程度与男女没有绝对的关系，而与性格的关系更为密切。

爱情里面最不容易受伤的是黄色性格。

黄色性格认为爱情就是一种关系。这种关系可以形成，当然也可以瓦解。

所以黄色不容易被感情而影响到，更不会因为失恋而过度地受到伤害。

如果你身边有红色性格，他的失恋是很容易被察觉到的。红色性格并不擅长于伪装自己的情绪。

你爱我，我会发光发热；你若不爱，我一文不值。

绿色性格也不容易受伤，绿色性格的感情是持续而稳定的，他们不会因为爱情而怀疑自己。

他们会如港口一般，坚守在那里，无论是谁的船，任你停泊。

他们的坚守并非为了对方，而是为了自己。

蓝色性格

在失恋里，还有一种性格也是极为痛苦的，那就是蓝色性格。蓝色性格对待爱情比红色性格谨慎，情感的萌发也不如红色性格那样可以瞬间爆发，他们需要持续性、有过程地慢慢建立感情。而在这个过程中，蓝色性格其实是在寻找两个人的默契程度，他们希望通过长时间的了解来达到默契，并成为精神上的伴侣。一旦分手，蓝色性格的第一反应就是，此生不会再有如此契合的人出现了。虽然网上很流行一句话叫作"不相信爱情"，其实叫得最响的都是红色性格，而蓝色性格只有在失恋后，才会有不再相信世界上再有另一个人懂我的感觉。之所以蓝色性格没有红色性格容易受到关注的原因是，红色性格会说出来，蓝色性格不会说出来。

黄色性格

爱情里面最不容易受伤的是黄色性格。这是因为黄色性格在看待爱情的时候，更容易看到爱情里面的关系问题。简单说，黄色性格认为爱情就是一种关系。这种关系可以形成，当然也可以瓦解。所以黄色性格不容易被感情而影响到，更不会因为失恋而过度地受到伤害。

绿色性格

还有一种性格也不容易受伤，那就是绿色性格。绿色性格的感情是持续而稳定的，他们不会因为爱情而怀疑自己。他们会如港口一般，坚守在那里，无论是谁的船，任你停泊。他们的坚守并非为了对方，而是为了自己。在电影《阿甘正传》中，阿甘虽然经历了战争、荣誉，经济上的崛起，但在心中一直思念着珍妮。而珍妮对阿甘一开始并没有表现出浓厚的兴趣，而是浪迹江湖、随风漂泊。

几次与阿甘离了合，合了离，也始终没有给阿甘一个正面的答复，到底爱不爱阿甘，更没有任何的承诺。

像这样爱的坚守，除了绿色性格几乎没有人可以忍受。因为这种看似毫无希望的等待，会让其他几种性格的人备受煎熬。而此恰恰是绿色性格的优势，他们足够稳定，不容易受到别人的影响。

18

不同性格色彩面对父母再婚时的反应

　　单亲家庭的孩子，因为缺少父母一方的陪伴，在情感上会有一定的缺失，家庭的不完整，容易让他们变得更加敏感，没有安全感，从而对一起生活的单亲父母在情感上有更强的依赖感。当妈妈（或爸爸）有了新的恋情时，因为新人的出现，势必会打破他习惯了的生活状态和生活方式，很容易在他们心里引起担忧和不满，甚至产生抵触情绪。

　　作为和孩子在一起生活的单亲父母，如果了解孩子的性格特点，用适合他们的方式来对待他们，就会更有效地解决矛盾，达到事半功倍的效果。

红色性格

　　红色性格通常是鼓励父母再婚的，因为红色性格觉得父母独身一人，是很容易孤单寂寞不快乐的，这样会导致红色性格的孩子倍感焦虑和压力，如果有人可以陪在父母身边爱父母，他们也会很欣慰。而如果准备再婚的另一半对红色性格的孩子非常接纳且关心，那他在内心深处会觉得又多了一个人来爱自己，那么，红色性格的孩子会很容易接受并祝福父母再婚。

蓝色性格

　　蓝色性格的情绪表达不会像红色性格那样外露，同时蓝色性格喜欢思考，做事情重视规则、讲道理。当一件事他理智上知道不该反对，但感情上不能接受的时候，他不会像红色性格那样容易跟着情绪走，明确地表现出来，他们更可能是将不满压在心里独自郁闷。如果蓝色性格的人面对父母再婚时，最有可能的表现是心里很郁闷伤心，但嘴上不说他会把这种情绪深埋在心里自我消化，然后对这个新爸爸或新妈妈冷眼观察，小心地保持距离，而不大会直截了当表示反对。

　　红色性格和黄色性格的人，都比较容易直接表达反对意见。但他们的理由和动机还是有些区别。

黄色性格

　　黄色性格，不会太过关注情感，天性坚定自信，抗压能力强，会比红色性格和蓝色性格的人更容易适应这种环境，而且黄色性格对事情比较理性，对父母再婚这件事不大会坚决反对，如果他不喜欢那个新爸爸或新妈妈，最有可能的是自己搬出去独立生活。

绿色性格

　　首先，绿色性格的人生性淡定，不是情感非常丰富的人，同时又不容易对别人的要求说 No，不轻易成为让别人为难的人。因此，绿色性格不大可能一再坚持反对父母再婚。而且，如果父母有需要，绿色性格绝对是委屈求全的人，只有妈妈或爸爸过的好，他就好。

不同性格色彩面对父母再婚时的反应

蓝色性格的人情感很丰富，但他们情绪的表达不会像红色性格那样外露。

红色性格通常是鼓励父母再婚的。

黄色性格最有可能的是自己搬出去独立生活。

如果有人可以陪在父母身边爱父母，他们也会很欣慰。

绿色性格的人生性淡定，不会有任何意见。

那么父母再婚，遇到情绪强烈反对的红色性格小孩要怎么办呢？

红色性格抗压能力差，容易受到外界的影响，孩子从小到大的成长过程中，可能会因为单亲问题，例如小伙伴的嘲笑，和其他健全家庭孩子的对比等等，让他受到很多压力和打击，时常受这种负面情绪的困扰，容易使他们产生敏感而自卑的心理，也让他们特别依恋单亲父母，特别在意他们的关注。当这种需求得不到满足时，就会产生很多心理问题。

L女士是一位单亲妈妈，她和儿子一起生活，红色性格的她面对生活的压力，为了儿子，选择了坚强，她从一个相夫教子的家庭主妇，变成了公司的管理者，这期间有挣扎有努力，有失败也有成功。而在家里，她必须扮演好父亲和母亲这两种角色，既要关心孩子的生活，又要严厉地管教孩子的品行。她的儿子从小学到初中在学校里都是品学兼优，她深感欣慰。但是，在她儿子上高中的那一年，突然有一天，她儿子说不想上学了，问来问去也问不出来原因，学校的老师也是莫名其妙，这让她快要崩溃了，后来还是心理专家为她找到了答案。这个孩子是一个被压抑了的红色性格，从小父母离异，妈妈为生活奔波，把他送到寄宿学校，小小年纪的他就知道了妈妈的不容易，他努力学习好让妈妈高兴，但同时情感交流的缺乏，妈妈的严格管教和高要求，也让红色的他一直感受到巨大的压力，长时间压抑的状态，终于在高中那年，因为一点小事遭到同学嘲笑，他积累的负面情绪爆发了，他想逃避了，不学了。

明白缘由的L女士也完成了性格色彩的进阶课，反省了自己在教育孩子过程中的一些疏忽，及时地调整了自己的心态和行为，她坦然接受了儿子休学的现实，克制着自己不去提上学的事情，而是用更多的时间陪伴孩子，和孩子聊天、带孩子旅游，尽量给孩子一个宽松快乐的家庭环境。让孩子明白，即使他没去上学，妈妈也爱他、关注他，让孩子内心有安全感。时间慢慢过去了，男孩儿慢慢走出了低谷，终于在休学近一年时间后，主动提出回去上学了，妈妈总算松了一口气。经历一番周折，孩子更成熟、更坚强了。因为基础好，经过努力，赶上了学习进度，被美国一所很好的大学录取。

这个案例中，这个孩子走出困境和妈妈的努力是分不开的。正是因为L女士痛定思痛，调整了自己的行为，给了孩子一个彻底宽松的环境，给他情感上的支持，才让孩子逐渐走了出来。对于红色性格的人，在情感上的关注是非常重要的，有时候甚至是决定性的。

因此，面对红色性格的孩子，从关注孩子情绪变化入手，单亲的环境让孩子习惯家里只有他和妈妈之间的交流，很长时期以来，妈妈是只属于他的，现在突然出现了一个陌生男人，占用了妈妈的时间，分散了妈妈对他的关注和爱，他当然会很委屈很生气，而红色性格一旦受到情绪支配，很多时候表现得不讲道理，甚至不可理喻。

此外，妈妈在情感上要给他比以往更多的关注，多花些时间陪他做他喜欢做的事情，和他聊天，让他明白，妈妈对儿子的爱永远不会变，但妈妈也需要有自己的幸福，妈妈幸福了、开心了，才会有更多的爱给孩子。红色性格的孩子，天性是心态开放的，会很快忘记烦恼，只要孩子在情感上得到了足够的关心，有了安全感，是比较容易走出负面情绪，重新快乐起来的，也容易接受妈妈再婚的决定。

第三章

性格色彩之职场

1

什么性格色彩更容易成为事业上的女强人

越来越多的女性通过工作上的成长来实现自我价值，同时也把更多的热情和精力投入到职场当中，更有人为了工作放弃个人生活，从而成为大家眼中的"女强人"，什么性格色彩的人更容易成为事业上的女强人呢？

红色性格

红色性格有激情也有上进心，这点是毋庸置疑的。当红色性格面对自己所热爱的工作时，也是会非常热衷于事业的。但这种情况相对比较少见，毕竟在工作时能够体会到乐趣的人实在少之又少。更何况工作中处处都会充满着压力，有些工作甚至是重复性的、枯燥的。这些都会让红色性格在长期的工作中慢慢地失去动力。红色性格在事业中，往往是一开始干劲很足，但很难坚持。

蓝色性格

蓝色性格对事业如何做大做强其实是没有太多兴趣的。在蓝色性格的眼中，

什么性格色彩更容易成为事业上的女强人

不同性格色彩的事业性女强人。

女强人

黄色性格是四种性格中唯一可能成为工作狂的性格。很多事业型的女强人基本上都是黄色性格。

FPA

红色性格有激情也有上进心，面对自己所热爱的工作时，也会非常热衷于事业的。

红色性格在事业中，往往是一开始干劲很足，但很难坚持。

FPA

这些事业有成的政治女性都是黄色性格。

武则天   撒切尔

蓝色性格对事业如何做大没有太多兴趣，蓝色性格眼中工作仅仅是一个维持生计的手段。

他们更希望在工作之余保留私人空间，有时间读书或者思考。

FPA

绿色性格的欲望很小，并不在乎自己的事业能做到什么程度，只要日子能够过得好就好。

绿色性格是离女强人最远的性格类型。

FPA

工作仅仅是一个维持生计的手段，与内心想要的东西相差甚远。如果蓝色性格对一个东西特别有兴趣，他们是绝对不会把这个当作自己的工作的。因为他们在枯燥的工作中，自己会逐渐丧失掉兴趣，会被繁重的琐事磨灭掉热情。这对蓝色性格而言几乎是不可想象的灾难。基于此，蓝色性格不会把事业当作人生的唯一目标，他们更希望在工作之余保留更多的私人空间，让自己有时间读书或者思考。

黄色性格

很多事业型的女强人基本上都是黄色性格或者红＋黄性格。第一，黄色性格需要通过工作的方式来获得成就感，因此他们比其他性格的人更需要工作。这也成为黄色性格会不知疲倦工作的永恒动力。第二，黄色性格并不在意他人对自己的评价，也不在乎他人的感受。这也是黄色性格可以足够强势的重要原因。从中国第一女皇武则天到英国首相铁娘子撒切尔，这些事业有成的政治女性都是黄色性格。

绿色性格

绿色性格的欲望很小，能够安稳的过日子就行。他们不在乎自己的事业能做到什么程度，只要日子能够过得去就好。所以绿色性格并没有太高的事业心，也没有要能力奋斗的迹象。绿色性格是离女强人最远的性格类型。

2

不同性格色彩如何看待机会

机会是指具有时间性的有利情况，当然不同的人对待机会的认识也有不同的理解。

红色性格

红色性格一生都在等待机会。如果我这么说，也许会有人很不服气，似乎红色性格就是一个好吃懒做等待上天垂怜的寄生虫。其实不是这样，红色性格对于人的兴趣要大于对事的兴趣，由此而造就了红色性格对人敏感对事不敏感的天性。当事情来临时，红色性格首先看到的是事情中的人为因素，然后才会考虑到事情是否对自己有利。因此，只有当红色性格明确听到或者看到对方表达出意愿后，红色性格才会认为这算是机会。这就好比两个人谈恋爱，只有当对方明确的说出，"我爱你"，"我愿意"之类的话，红色性格才会觉得这算是对方给了机会。在红色性格的概念中，机会就好比一扇门，如果对方不开门，自己能做的要么就是在门口徘徊，要么就去敲门。从这个意义上讲，红色性格基本上是把对机会的主动权交给对方的，机会有时候跟运气差不多。

不同性格色彩如何看待机会

不同性格色彩如何看待机会？

机会

蓝色性格不相信运气，相信逻辑。他们把机会看作是一种条件。

机会

他们反省自己，打造自己，期待获得机会。

红色性格一生都在等待机会，当事情来临时，只有当红色性格明确了对方的意愿后，红色性格才会认为这是机会。

机会

黄色性格眼中机会无处不在，但是只有行动迅速的人才能抓住。只要速度够快，完全可以先把握机会。

机会

红色性格基本上是把对机会的主动权交给对方的，机会有时候跟运气差不多。

机会=运气

绿色性格的世界其实就是一个没有机会的世界，别人眼中的机会，对于绿色性格而言基本上什么都不是。

机会

蓝色性格

蓝色性格对机会的理解与红色性格并不一样。首先蓝色性格不相信运气，相信逻辑。任何的运气都有必然的逻辑关系。因此他们把机会看作是一种条件。只要条件满足了，就会有机会产生，从而能够将事情办成。正是由于这种考虑，蓝色性格对内的用力会比红色性格猛很多，因为他们无时无刻不在反省自己，打造自己，以期待获得成绩。

黄色性格

黄色性格的眼中机会无处不在，但是只有行动迅速的人才能抓住。什么自身条件都无所谓，只要速度够快，完全可以先把握机会，然后再来补足条件。这也成为了黄色性格行动迅速的一个重要原因。

对于事情的敏感度是黄色性格的先天优势，他们非常善于在细小的地方找到机会和可能性，并通过自己迅速的行动来补足劣势。

绿色性格

绿色性格对机会没有完整的看法，他们也是机会的等待者。只是绿色性格内心的欲望不够强烈，对于机会的敏感度比红色性格更低。绿色性格的世界其实就是一个没有机会的世界，别人眼中的机会，对于绿色性格而言基本上什么都不是。

相比红色性格的努力和主动，绿色性格的机会才真真正正是天上掉馅饼了。只可惜，对于大多数人来说，他们巴不得天天都有馅饼掉下来，满地都是机会等着自己，而对于绿色性格而言，他们既不争又不抢，才惹得上天如此怜爱。

3

不同性格色彩的老板面对下属的抱怨时如何表现

　　下属发微博对公司表示不满，你是老板，如何处理？面对同样一件事情，红、蓝、黄、绿不同性格处理方式是不同的。

红色性格

　　对待下属的抱怨，红色性格会希望下属尽快从负面情绪里走出来，然后找他聊聊，安抚他情绪。有时候也会和下属一起抱怨，或者会去找更多积极的因素让下属振作起来。但在安抚情绪的过程中，如果遇到太大的抵触或者直接的批评，可能会引起红色性格本身的情绪。因为红色性格内心渴望的是赞美，安抚对方希望得到的是对方和自己慢慢趋同而不是对立。

蓝色性格

　　他们能理解员工会对公司和老板有所不满。会仔细看看，是公司的弊病还是员

不同性格色彩的老板面对下属的抱怨时如何表现

下属发微博对公司表示不满，你是老板，如何处理？

蓝色性格能理解员工会对公司和老板有所不满。

对待下属的抱怨，红色性格会希望下属尽快从负面情绪里走出来。

黄色性格会考虑一下这个人能力怎么样，能力不行直接开除。

被对方误会了，红色性格会不停地解释，希望得到对方理解。

绿色性格天生就是和谐问题的高手，看到了就过了。

工自身问题。如果是公司问题，会有所调整；若是其个人问题，找他沟通，寻求解决办法。蓝色性格是比较理智的人群，他们的心中有一套自己的标准和规则，如果他们认可对方提的问题会立刻处理，如果不认可，改变他们的观念是非常难的。

黄色性格

他们会当作没看到，他们会考虑一下这个人能力怎么样，能力不行直接开除。如果能力很好，也不会提这个事，通过聊天的方式了解他的想法，让他发泄出来，激励他更好地工作。对黄色性格来说，能配合他完成工作目标更重要，他们衡量一个人考虑更多的是能力如何，是不是能胜任工作，而不是与目标无关的事情。而且，得罪黄色性格，他们不会当场立刻回击，他们更多的会记在心里，在合适的时机用恰当的方式完成神不知鬼不觉的回击。

绿色性格

他们天生就是和谐问题的高手，看到了就过了，他们甚至还会觉得他说的也对啊，没有什么反应，当然也不会有什么行动。绿色性格的内心是平静的，在他们内心没觉得有什么事情是天大的事情，他们喜欢人际关系的和谐，他们相信每个人都有自己的观点，而自己的观点是最不重要的。所以，当别人说他们问题的时候，他们会表达认可，但行为不会改变。

4

不同性格色彩面对失业的不同表现

失业这件事离我们并非很遥远，经济的发展、企业的变动、岗位的调整都是造成失业的重要原因。然而不同性格色彩对失业的看法，却不尽相同。

红色性格

红色性格觉得失业可能意味着单位不再需要我，这种不被需要的感觉会让红色性格产生很强烈的挫折感。对于红色性格而言，失业就是人生当中的比较大的挫折。有个红色性格的人失业后，曾强烈愤慨地表达，"我们就像垃圾一样被扫地出门"，充满凄凄惨惨戚戚的感觉。也有红色性格在经历了短暂的难过后，迅速地感觉到没有工作给自己带来地好处，就是自由。更有红色性格一边沉浸在失业的难过中，一边痛诉原来的工作有多么多么地不好，仿佛自己做的工作是世界上最糟糕的工作一样。这些都源于红色性格的情绪容易起伏，对待失业的看法会忽左忽右，大开大合。红色性格在情绪宣泄完毕后，才能开始思考下一步该如何做。

不同性格色彩面对失业的不同表现

蓝色性格也容易将事业看作是工作经历上的挫折，蓝色性格觉得自己的工作能力没有得到足够的体现。

蓝色性格会很容易沉浸在自责当中无法自拔，冷静下来后，会开始反思自己的失误，再往后，蓝色性格会开始寻找新的工作。

红色性格觉得失业即意味着单位不再需要我，对于红色性格而言，失业就是人生当中的重大挫折。

红色性格觉得自己像垃圾一样被扫地出门。

黄色性格还来不及思考这算不算是挫折时就开始踏上寻找新工作的道路。

此处不留爷
自有留爷处

不要我
是你们的损失

更有红色性格沉浸在失业的难过中，红色性格在情绪宣泄完毕后，才能开始思考下一步该如何做。

绿色性格失业后，不会抱怨，不会宣泄，不会反思，也不会立刻再找工作。

他们会先让自己放松下来，缓解之前工作所带来的压力。

蓝色性格

蓝色性格也容易将失业看作是工作经历上的挫折，但他们难过的原因明显与红色性格不同。蓝色性格难过的主要原因，是觉得自己的工作能力没有得到足够的体现，才会让单位没有看到自己的真实价值。蓝色性格会很容易沉浸在自责当中无法自拔。当蓝色性格冷静下来后，会开始反思自己在原来工作上的失误以及做得不够好的地方。再往后，蓝色性格会开始漫长的寻找新工作之路。

黄色性格

黄色性格因为不容易受到情绪的干扰，所以即便失业了，还来不及思考这算不算是挫折时就开始踏上寻找新工作的道路。他们不用宣泄情绪，因为本来就没有多少情绪需要宣泄，此处不留爷，自有留爷处。他们不用反思，因为觉得自己足够的优秀，你们不要我，那是你们的损失，而不是我的。黄色性格将因失业而失去经济来源当作一个问题，而聚焦点始终会放在如何解决这个问题上。

绿色性格

绿色性格失业后，不会抱怨，不会宣泄，不会反思，也不会立刻再找工作。他们会先让自己放松下来，缓解之前工作所带来的压力。当然他们本身也很难感到压力，只是突然一下没有了工作，失去了曾经一起工作的同事，这点对于绿色性格还是需要一些时间来适应的。当如果其他同事拉着他一起去找工作时，绿色性格也会很高兴地出门。

5

不同性格色彩如何制作简历

对于招聘的公司而言，简历是他们认识面试者的第一个阶段。因此，如何制作简历，如何看待简历，如何在简历中展现自我，成为更有意义的事情，而不同性格对如何制作简历也有着不同的认知。

红色性格

红色性格的创造性思维会在简历上体现得淋漓尽致，他们不满足于用简单的表格来罗列自己的经历，总觉得这样无法展现自己鲜明的个性。同时他们也希望通过一些创新，来吸引招聘方的注意。很多奇葩的简历，都出自红色性格之手。像谷歌的创始人谢尔盖·布林 (Sergey Brin)，在做简历的时候居然在文档里面埋了一个彩蛋，或许行为才可以表达自己的与众不同吧。

蓝色性格

蓝色性格的简历不如红色性格那般有创意，而是将自己的特点实事求是的表述出来。在做纸质简历的时候，他们会格外用心地美化外观，从而达到吸引别人注意力的目的。当然如果你翻开内页，你也会发现蓝色性格的排版也是极为工整和清晰的。不会出现任何标点错误，更不会出现错别字，连所有的线条粗细都完全一致。

黄色性格

黄色性格的简历基本上都会很简单，不会有太多的华而不实的内容在里面。在黄色性格看来，简历只是展现自己能力和实力的东西。所以黄色性格会更加侧重记录自己干过的事情，而弱化一些自我描述的内容。 黄色性格的简历没有花边，让人一目了然的知道自己干了些什么才是最重要的。因为他知道，自己的价值取决于自己干过的这些事情。

绿色性格

绿色性格并不擅长推销自己，所以在简历的制作上会遇到困难。如果没有特别的要求，他们会将自己的基本情况做出如实的说明。至于排版、字体字号、封面这些东西就不会太在意了。

不同性格色彩如何制作简历

红色性格的创造性思维会在简历上体现得淋漓尽致。

黄色性格的简历基本上都会很简单，将自己的特点实事求是地表述出来。

像谷歌的创始人谢尔盖·布林（Sergey Brin）

在做简历的时候居然在文档里面埋了一个彩蛋，或许行为才可以表达自己的与众不同吧。

所以黄色性格会更加侧重记录自己做过的事情，而弱化一些自我描述的内容。

蓝色性格的简历会将自己的特点实事求是的表述出来，他们会格外用心地美化外观，来吸引别人的注意力。

如果你翻开内页，你会发现蓝色性格的排版极为工整和清晰。

不会出现任何标点错误，更不会出现错别字。

绿色性格并不擅长推销自己，所以在简历的制作上会遇到困难，他们会将自己的基本情况做出如实的说明。

至于排版、字体、字号、封面这些东西就不会太在意了。

6

不同性格色彩的HR如何看待简历

对于如何来写好一份好的简历，网上有很多的建议，也有很多的 HR 从切身的经历来谈喜欢什么样的简历。但简历最终是给人看的，看简历这个人的性格直接影响到他们更倾向于什么样的简历。一般来说是这样的。

红色性格

红色性格的 HR 喜欢有创意的，充满活力的简历，这样的简历能激发他们想要进一步了解你的欲望。

蓝色性格

蓝色性格的 HR 喜欢完整而细致的简历，你能在简历中将自己的信息完整地呈现出来是必须的，当然格式和小细节也是极为重要的。

不同性格色彩的 HR 如何看待简历

对于如何来写好一份好的简历，网上有很多建议，也有很多的 HR 从切身的经历来谈喜欢什么样的简历。

蓝色性格的 HR 喜欢完整而细致的简历，你能在简历中将自己的信息完整地呈现出来是必须的。

但简历最终是给人看的，看简历这个人的性格直接影响到他们更倾向于什么样的简历。

黄色性格的 HR 喜欢简洁有力的简历，你需要证明你的能力和实力，自我描述一般他们是不会看的。

红色性格的 HR 喜欢有创意的，充满活力的简历，这样的简历能激发他们想要进一步了解你的欲望。

绿色性格的 HR 对简历没有特别的喜好，他们会听从身边的人的建议，所以决定你命运的可能是他身边的其他人。

黄色性格

黄色性格的 HR 喜欢简洁有力的简历，在简历里面你需要证明你的能力和实力。自我描述一般他们是不会看的。

绿色性格

绿色性格的 HR 对简历没有特别的喜好，他们会听从身边的人的建议，所以如果 HR 是绿色性格，那么决定你命运的可能是他身边的其他人。

7

不同性格色彩面对"背黑锅"时的不同反应

　　老板让小 A 和主管去布置一个重要会场，并特别提出几个布置要求，要小 A 告诉主管落实，小 A 详细报告了主管，但会议当天，老板发现要求没落实，大怒！主管在被老板质问时，说小 A 没把老板的要求告诉他。

　　在职场上，没有不犯错的下属，也没有绝对正确的领导。如果被领导冤枉后，领导让自己背黑锅，不同性格色彩又会有怎样的反应呢？

红色性格

　　红色性格会觉得特别特别地委屈，因为老板交代给自己的话，自己已经完全无误地转达给了主管。而遭到主管的否认后，红色性格还是会忍不住为自己申辩几句的。如果有可能，红色会竭尽所能的去证明自己对，主管错的。如果实在证明不了，红色会情绪暴发哭闹，甚至当场辞职。

不同性格色彩面对"背黑锅"时的不同反应

在职场上，没有不犯错的下属，也没有绝对正确的领导。

蓝色性格也会觉得委屈，但是蓝色性格没有证明的欲望，会直接换领导。

领导让自己背黑锅，不同性格色彩又会有怎样的反应呢？

黄色性格的危机意识会很强，会查明原因再想对策。

红色性格会觉得特别地委屈，力证清白。

绿色性格懒得去争辩。

没什么大不了的，过段时间就一切如初了。

蓝色性格

蓝色性格也会觉得委屈，但是蓝色性格没有表达的欲望也不会因为这样的事情和主管当面争吵或寻求证明。他们只会觉得主管这样做是非常让人失望的。会思考跟着这样的领导，或许没有什么前途可言，也许是时候该换个工作了。

黄色性格

黄色性格的危机意识会很强。因为自己转告给主管的话，主管肯定是听到了的。而主管却当着老板的面矢口否认。这有可能另有隐情，接下来就该查清原因，再想应对之策。

绿色性格

绿色性格懒得去争辩，反而可以理解主管在面对老板的迎头痛骂的时候，为了回避而将问题推给自己。反正没什么大不了的，过段时间就一切如初了。

如何避免背黑锅

在职场上背黑锅是件让人觉得难以接受的事情，明明自己没有做错任何事情，却因为某些原因，遭受到了不该承担的责罚。那么如何有效避免自己背黑锅呢？

第一，对于领导安排的指令不要急于按照自己的理解来做，自以为如何，或画蛇添足。而是要确认正确理解了领导的要求，并严格按照要求去执行。

第二，指令要确认，最好用文字，比如 E-Mail 这样的形式来确认，保留必要的"证据"，防止意外的发生。

第三，整个指令执行过程中，一定要主动汇报工作进度，如可以让领导阶段性确认，让领导知道你做了些什么。

如何避免背黑锅

第一，对于领导安排的指令不要急于按照自己的理解来做。

第二，指令要确认，最好用文字，比如E—Mail这样的形式来确认，保留必要的证据，防止意外的发生。

第三，主动汇报工作进度，让领导知道你做了些什么。

8

什么性格色彩的新官上任时最爱点火

新官上任三把火是指古代的地方官员新上任时，总会风风火火地将开头的事情干好，也比喻新上台的领导会大刀阔斧地进行改革。这些改革往往都是针对目前实际存在的问题而制定的，一般来说都是有的放矢。那么，不同性格色彩的管理者领导效果究竟怎么样呢？

红色性格

新政高举高打，难以持久

红色性格是爱创新的，一种新的制度，一种新的考核标准，能够体现他们的创意思维。所以红色性格的领导在做管理时，总爱出些新的点子和方法。但是红色性格往往很难抵抗住压力，刚创立的制度可能马上就会因为各种问题发生变化。

红色性格除了抗压能力弱导致政策会朝令夕改外，红色性格的创意思维也是会令他们更改想法的。一个新政策刚宣布，忽然又想起一个更好的想法，新政策就会被改了又改。

什么性格色彩的新官上任时最爱点火

新官上任三把火是指古代的地方官员新上任时，总会风风火火地将开头的事情干好。

蓝色性格新政小散小打，细补慢缝。

蓝色性格是不愿意轻易颁布所谓的新政的。

他们更愿意在原有的政策上面打补丁，从而完善之前的不足。

这些改革往往都是针对目前实际存在的问题而制定的，一般来说都是有的放矢。

黄色性格新政大刀阔斧，管你愿意不愿意。

黄色性格在颁新政的力度上是最大的。

红色性格新政高举高打，难以持久。

红色性格是爱创新的，一种新的考核标准，一种新的制度，能够体现他们的创意思维。

红色性格除了抗压能力弱导致政策会朝令夕改外，红色性格的创意思维也是会令他们更改想法的。

绿色性格新政，让人更舒服。

事实上，绿色性格对改革是最没有主动意愿的，不会踌躇满志地盘算着上任后大干一场。

蓝色性格

新政小敲小打，细补慢缝

蓝色性格是不愿意轻易颁布所谓的新政的，因为蓝色性格的谨慎令他们不愿意大刀阔斧地改变，他们更愿意在原有的政策上面打补丁，从而完善之前的不足。

黄色性格

新政大刀阔斧，管你愿意不愿意

黄色性格在颁布新政的力度上是最大的，在黄色性格看来，如果原有的制度无法解决实际的问题，靠修补肯定是费力不讨好的，倒不如推倒重来，这样的效果会更加立竿见影。

绿色性格

新政，让人更舒服

事实上，绿色性格对改革是最没有主动意愿的，不会踌躇满志地盘算着上任后大干一场。他们更愿意是继承前任的所有政策不动摇。即便略有改变，也是在别人的推动下才会改良，改革的方向也仅仅是为了让别人更舒服。

9

不同性格色彩隐婚者的理由

结婚是人生中的大喜事，从古至今，人们更愿意和更多人分享这份喜悦。而对于现在很多职场中人，因为某些原因，不想或不能公开婚姻状况，从而成为隐婚者，但每种性格的隐婚理由却各不相同。

红色性格

其实红色性格本身并不愿意隐瞒自己的婚姻事实。因为隐藏着某个秘密，对红色性格会造成不小的压力，违背了红色性格追求快乐的天性。而且婚姻的状况又不是那么私密的事情，所以如果能够不隐婚，则最好是不隐瞒。如果确实要隐瞒，可能也是因为外部环境的原因。

红色性格隐婚的主要原因还是担心自己暴露身份后，别人对自己的看法造成对自己的不利影响。在红色性格眼中，有婚姻就没有之前那么地自由，不可以随心所欲地安排自己的时间。单位内的应酬，单位外的活动都会受到限制。

不同性格色彩隐婚者的理由

其实红色性格本身并不愿意隐瞒自己的婚姻事实。

黄色性格的隐婚是主动的，为了自己的工作和事业，黄色性格在工作中的拼命和努力几乎是大家有目共睹的。

因为隐藏着某个秘密，对红色性格会造成不小的压力，违背了红色性格追求快乐的天性。

在黄色性格的眼中，通过事业来取得成就是最直接的目标，为了这个目标，所有的东西都可以放弃。

蓝色性格并没有刻意要隐婚的意思，也没有刻意要宣传的意思。

蓝色性格隐婚一般只有一个原因，那就是婚姻是自己个人的隐私，没必要让大家都知道。

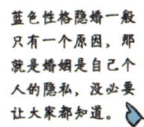

绿色性格不喜于说谎，对于隐婚这样的要求确实有些难为他们。

但如果有人特地嘱咐过要求隐婚，

绿色性格也会照办。因为他们也没有想要宣传自己已经结婚的动力。

蓝色性格

蓝色性格并没有刻意要隐婚的意思，也没有刻意要宣传的意思。蓝色性格隐婚一般只有一个原因，那就是婚姻是自己个人的隐私，没必要让大家都知道。自己在工作上能够把工作干好就可以，与结婚不结婚没有关系。

黄色性格

黄色性格的隐婚是主动的，为了自己的工作和事业。黄色性格在工作中的拼命和努力几乎是大家有目共睹的。而在黄色性格自己的眼中，通过事业来取得成就是最直接的目标，为了达到这个目标，所有的东西都可以放弃。

绿色性格

绿色性格不善于说谎，对于隐婚这样的要求确实有些难为他们。但如果有人特地嘱咐过要求隐婚，绿色性格也会照办。因为他们也没有想要宣传自己已经结婚的动力。

如果你选择了隐婚，请注意以下事项

虽然很多单位会对员工的婚姻状况提出一些不合理的要求，隐婚只是一种选择，而非唯一选择。

第一，隐婚必须要得到另一半的支持。否则将为你们的婚姻埋下定时炸弹。

第二，你必须要清楚隐婚的目的到底是什么，能够给你带来多大的好处，而这些好处是否值得你这么做。

第三，隐婚不等于放弃掉婚姻中的责任，相反隐婚后你可能需要更加努力地来照顾另一半的感受。所以在选择隐婚前，要有足够的心理准备。

如果你选择了隐婚，请注意以下事项

10

不同性格色彩如何面对极品领导

对于员工来说，完不成任务或者是工作失误、被批评、被惩罚都可以接受，但是遇到那种每天都情绪化，动不动就找下属麻烦，遇到问题不是想解决方法而是发脾气、骂人、拍桌子的领导，作为下属，不同性格色彩的人会有什么反应呢？

红色性格

红色性格对于不分青红皂白就发脾气又挑剔的领导是极为愤怒的，但是苦于自己没有能力搞定对方，所以离职的可能性会比较大。当然也有一些人，会选择忍气吞声一段时间，在忍无可忍之后，也会情绪化地跟对方来个针锋对麦芒，拍桌子叫板。

蓝色性格

蓝色性格内心觉得这个人不讲道理，不会跟他对着干，会选择离开。但对

不同性格色彩如何面对极品领导

红色性格对于极品领导是极为愤怒的，但是苦于自己没有能力搞定对方，所以离职的可能性会比较大。

蓝色性格更倾向于优先换一个部门，避免与他的接触。如果没机会换部门，则考虑换工作。

当然也有一些红色性格会选择忍气吞生一段时间，在忍无可忍之后，会情绪化地跟对方拍桌干叫板。

黄色性格对领导不满意，唯一想到的就是迎接挑战。黄色不会选择离开，那是懦夫的选择。

既然有人来挑战，那就把他干掉好了。

蓝色性格内心觉得这个人不讲道理，不会跟他对着干，会选择离开。

绿色性格有一个对大吼大叫自动免疫的功能，当别人发脾气的时候，绿色性格什么都不会说。

一个耳朵进一个耳朵出。等领导脾气过去了事情就结束了。

于蓝色性格而言，找一个合适的工作又需要花费大量的时间来考察，成本比较高。所以蓝色性格更倾向于优先换一个部门，避免与他的接触。如果没机会换部门，则考虑换工作。

黄色性格

黄色性格对这个领导不满意，也不会选择离开，那是懦夫的选择。既然有人来挑战，那就迎接挑战好了。

绿色性格

绿色性格有一个对大吼大叫自动免疫的功能，当别人发脾气的时候，绿色性格什么都不会说，打开两个耳朵，一个耳朵进一个耳朵出。等领导脾气过去了，事情就结束了。

如何应对爱发脾气又吹毛求疵的领导

第一，首要的是要控制好自己的情绪，而不要和对方进行情绪上的对抗，这样对问题的解决没有任何的帮助。

第二，当对方脾气正大的时候，可以先尝试给予对方认同。然后再将自己的想法表达出来。

第三，若实在忍受不了，可以选择离职。没有人逼着你一定要忍受，任何时候选择权都是在你手中的。

如何应对爱发脾气又吹毛求疵的领导

第一，首要的是要控制好自己的情绪，而不要和对方进行情绪上的对抗，这样对问题的解决没有任何的帮助。

第二，当对方脾气正大的时候，可以先尝试给予对方认同。然后再将自己的想法表达出来。

第三，若实在忍受不了，可以选择离职。没有人逼着你一定要忍受，任何时候选择权都是在你手中的。

再见

11

不同性格色彩的吹毛求疵

　　同一件事情，因为性格的不同会有着不同的处理方式方法。有的人重视过程，有的人重视结果；有的人着眼细节，有的人着眼大处。而对于细节的讲究，每个人的理解却是不一样的。

红色性格

　　红色性格给人的印象是大大咧咧、不拘小节的。对于细节并不是特别地在意，同样，典型的红色性格特别不喜欢吹毛求疵的人。因为过于在乎细节，在小的问题上面不断地重复，会让喜欢新鲜感的红色性格感到非常地无聊。

蓝色性格

　　蓝色性格一直是精细的，细节的问题若不能处理好，蓝色性格便没有心思做其他事情。 蓝色性格不仅仅在意细节的问题，更有完美主义的倾向，他们希望自己手上的活能够不断地精益求精。所以蓝色性格容易给人留下吹毛求疵的印象。

不同性格色彩的吹毛求疵

红色性格给人的印象是大大咧咧，不拘小节。对于细节并不是特别地在意。

同样，典型的红色性格特别不喜欢吹毛求疵的人。

黄色性格注重大的方向和目标，对于细节也完全不在意，所以典型的黄色性格不会让人感到他们吹毛求疵。

蓝色性格一直是精细的，细节的问题若不能处理好，蓝色性格便没有心思将注意力转移至其他情上。

绿色性格不讨厌别人追求细节和完美，自己也不喜欢这么干。这是因为绿色性格的人不愿意给自己多高的要求，那样会很累。

蓝色性格不仅仅在意细节的问题，更有完美主义的倾向，他们希望自己手上的活能够不断地精益求精。

所以蓝色性格容易给人留下吹毛求疵的印象。

看上去似乎只有蓝色性格才会吹毛求疵，但是红+黄性格的人，也很容易有完美主义的倾向。

黄色性格

注重大的方向和目标，对于细节也完全不在意，当然也没有完美主义的想法。所以典型的黄色性格不会让人感到他们吹毛求疵。相反，如果一个红色性格和黄色性格在一起工作，甚至会觉得黄色性格太不在意细节，反而会有些怨言。

绿色性格

不讨厌别人追求细节和完美，自己也不喜欢这么干。这是因为绿色性格不愿意给自己多高的要求，那样会很累。

看上去似乎四种性格当中，只有蓝色性格才会吹毛求疵，完美主义。但是如果你了解一些性格的组合，你会发现，红＋黄性格的人，也很容易有完美主义的倾向。

红 + 黄性格与蓝色性格谁更完美主义

红 + 黄的性格容易成为完美主义者，似乎听上去不太靠谱。毕竟红色性格和黄色性格都不在意细节，都喜欢大方向。但事实上，因为黄色性格有强烈的目标感，当他觉得一个事情的细节会影响到整个工作成败时，那么黄色性格对细节提出非常高的要求。又加上红色性格本身喜欢新鲜，他们很容易冒出一些新想法，但每个想法都提出很高的要求时，就会让人感觉到他们的完美主义。

蓝色性格的完美主义，是希望把一个事情做到尽善尽美，规避掉一些差错。蓝色性格这么做的原因是在于，蓝色性格希望能够呈现给大家的是一个更好的东西，同时这也成为了蓝色性格对自己的内在要求。要么不拿出手，拿出手就是最好的。

由此可以看出，同样是追求完美，红 + 黄性格和蓝色性格还是有很显著的差别的。红 + 黄性格会不断地修改和调整方向和要求而蓝色性格一般不会。

红+黄性格与蓝色性格谁更完美主义

红+黄的性格容易成为完美主义者，因为
黄色性格有强烈的目标感，加上红色性格本
身喜欢新鲜，他们很容易冒出一些新想法。

但每个想法都提出很高的要求时，就会让人感
觉到他们的完美主义。蓝色性格是希望把一个
事情做到尽善尽美，规避掉一些差错。

由此可以看出，同样是追求完美，红+黄性格
和蓝色性格还是有很显著的差别的，红+黄性
格会不断地修改和调整方向和要求而蓝色一般
不会。

调整方向?

12

什么性格色彩特别喜欢指点他人

在生活中，我们都会有自己知识的盲区，没有人可以做到无所不知，无所不能。当我们遇到困难时，如果有人在一边指点迷津是件令人欢欣鼓舞的事情。但如果指点得过于强势，那么可能会有指手画脚的嫌疑。那么什么性格的人特别喜欢指点他人呢？

红色性格

红色性格天性喜欢炫耀，有一个《西游记》中的片段让人难忘，唐僧和孙悟空夜宿一家寺院，被讥为寒酸。孙悟空受不得这气，拿出皇帝赐予的锦襕袈裟给方丈看。最后方丈起了邪念，放火杀人。炫耀，就是把自己得意的东西拿出来给你瞧瞧。如果红色性格手上拿着的不是锦襕袈裟而是学问，那也不免卖弄一番。

红色性格在指点他人的时候，心中满满的都是好意，他们并不一定能够意识到自己是在炫耀，但对于旁人而言，你过于将自己所知道的全部展现出来，就是一种炫耀。

什么性格色彩特别喜欢指点他人

什么性格色彩特别喜欢指点他人?

蓝色性格秉承着一副事不关己高高挂起的态度,凡是跟自己没有关系的一概不管。

即使有人询问,蓝色性格也不会和盘托出。

红色性格天性喜欢炫耀。

《西游记》中,唐僧和孙悟空夜宿一家寺院,被讥为寒酸。孙悟空受不得这气,拿出皇帝赐予的锦襕袈裟给方丈看。

黄色性格喜欢指导他人,但是只针对自己身边重要的人。

他们只会把自己觉得对的东西告诉给自己身边的人,从而推动他们改变。

红色性格在指点他人的时候,心中满满的都是好意。

他们并不一定能够意识到自己是在炫耀。

绿色性格是最没有动力来指导他人接受自己观点的。

因为绿色性格不喜欢与人发生冲突,更不希望他人不开心。

蓝色性格

蓝色性格秉承着一副事不关己高高挂起的态度，凡是跟自己没有关系的一概不管，即便是有人询问，蓝色性格也不会和盘托出。这里面的原因是，蓝色性格本身就不喜欢将自己所有的想法全部谈出来，这样会让蓝色性格非常地恐慌，殊不知哪句话说错了，就招来祸端。所以即便是向蓝色性格请教问题，他们往往只会指出一个大致方向，让你去探寻，而不会面面俱到地给你一一指点清楚。所以蓝色性格并不喜欢指点别人。

黄色性格

黄色性格喜欢指导他人，但是只针对自己身边重要的人。黄色性格没有红色性格那么地博爱，那么有分享的动力，他们只会把自己觉得对的东西告诉给自己身边的人，从而推动他们改变。当然，黄色性格的强势也是有目共睹的，当如果身边人不听从他的建议时，黄色性格会想法设法地让你听从建议并遵照执行，这也是黄色性格的目标感使然。

绿色性格

绿色性格是最没有动力来指导他人接受自己观点的。因为绿色性格不喜欢与人发生冲突，更不希望他人不开心。甚至有时候，绿色性格会觉得把自己的观点说出来是一件很累的事情，所以绿色性格不会来指导他人按照自己的意愿来行事。

13

不同性格色彩对员工"接私活"的反应

面对生活的压力，很多在职员工会选择工作之外接些兼职来做。在企业中，如果老板发现自己的员工"接私活"，不同性格色彩会有怎样的反应呢？

红色性格

愤怒，他怎么能这么忘恩负义！红色对于这种"不道德"的行为，会非常直接和强烈地表达出来。并会非常愤怒的谴责员工，并不计后果的追回自己的损失。不过，红色性格善忘，事情告一段落之后，他基本上会忘记这件事情。

蓝色性格

沉默，在心里反复思量自己到底在什么地方做得不好，以至于员工做出这样的事情。相比红色的激烈谴责，他们更倾向于用内省的方式去做思考和判断。

黄色性格

对黄色性格来说，"接私活"这样的事情，基本上已经触碰到了自己的底线，不管这个员工是否有功于公司，一旦和自己设定和期望的目标相冲突，他们一定会冷酷无情地果断处理。

绿色性格

站在对方立场上，进行换位思考，试图从对方的角度看待事情，想着想着，没准觉得对方说得还有几分道理。然后就会基于友情考虑，维持现状，任由对方作主。

不同性格色彩对员工"接私活"的反应

黄色性格会当机立断，不管这个员工是否有功于公司，他们一定会冷酷无情地果断处理。

愤怒，他怎么能这么忘恩负义！红色性格对于这种"不道德"行为的不满，会非常直接和强烈地表达出来。

绿色性格站在对方立场上，进行换位思考，试图从对方的角度看待事情。

沉默，在心里反复思量自己到底在什么地方做得不好，以至于让员工做出这样的事情。

类似"接私活"这样的事情，无论单子大小，都容易伤害老板与员工之间的相处。

处理"接私活"问题的三大原则

如前所述,"接私活"主要可能发生在黄色性格或红色性格身上,处理该问题,需谨记三大原则:

1.当面沟通,谈清"私活"的定义及界限,比如利用了多少的公司资源,包括职位之便等等,无论是否继续合作,要把之前的事情性质予以明确,既让对方心服,同时也要服众。

2.反思公司的利益分配制度,以及之前自己与朋友的沟通中是否存在问题,朋友做出这样的举动,是否因为对公司的利益分配不满,或对自己存有情绪,"接私活"的背后是否有更大的问题潜伏。

3.处理的过程中,不要带有情绪,公平、公正、理性、客观,一时的犯错不代表一世的敌对,唯有自己内心保持平静,才能不激起对方的情绪,不激怒对方做出无谓的两败俱伤的蠢事。

处理"接私活"问题的三大原则

14

不同性格色彩需要被认可的方式是怎样的

很多时候，认可是继续前进的一种动力。但对于不同的人，要用不同的认可方式，才能达到理想效果。

红色性格

要认可红色性格最简单的办法就是口头表扬，这招对红色性格可以说是屡试不爽。任何的赞美都会让红色性格的心情迅速好起来。造成这种现象的原因是，当红色性格在做出努力时，内心并不确定自己是否做得足够好。他必须要通过他人的肯定才能确定自己做得如何。当然，既然自己已经很努力地付出了，那么无论做得如何，他们都希望能够得到他人的肯定。

蓝色性格

相比红色性格，想要认可蓝色性格就要费劲一些。因为蓝色性格并不是用语言就可以取悦的。在蓝色性格眼中，口头的夸赞有太多作假的可能，毕竟生活中

不同性格色彩需要被认可的方式是怎样的

要认可红色性格最简单的办法就是口头表扬。

相比红色性格，想要认可蓝色性格就要费劲一些。

在蓝色性格眼中，口头的夸赞有太多作假的可能，毕竟生活中有太多的人是言不由衷的。

表扬红色性格的时候，除了要具体外，最好能够当着众人的面。

黄色性格需要的认可方式是大部分人很难接受的。

给予更加艰巨的任务，更高的难度的工作或安排。

如果你觉得对方处理问题确实有不周到的地方，可以选择私下指出。

绿色性格需要的认可方式也很简单，就是你不要对着我发脾气。

有太多的人是言不由衷的。即便是在工作中历练很久的蓝色性格，虽然也能言不由衷地去夸赞他人，但内心却是极为痛苦的。蓝色性格需要的认可是必须通过事实或者细节来呈现的。

黄色性格

黄色性格觉得认可他的方式很简单，就是给予更加艰巨的任务、更高的难度的工作或安排。这不仅仅是黄色性格需要的认可方式，也是黄色性格给予他人的认可方式。因为只有更高更强更复杂的事情，才能体现出你的价值。

绿色性格

绿色性格需要的认可方式也很简单，就是你不要对着我发脾气，认同我可以不用太努力，不用太上进。你能够安安静静地陪着我待着，就是对我最大的认可。绿色性格对于认可其实并没有太多的需要，他们只是想要保持现状，不希望被逼着干某些事情。所以不逼迫，不发脾气，就是绿色性格需要的认可。

关于表扬，你要注意的是

1.表扬是认可的一种，与赞美一样比较适用于红色性格。当红色性格已经明确提出要表扬的时候，最好还是给予。即便你认为他们这种行为似乎难以理解。

2.表扬红色性格的时候，除了要具体外，最好能够当着众人的面，这样的表扬会更有效果。

3.如果你觉得对方处理问题确实有不周到的地方，可以选择私下指出。这样既保全了对方的面子，又给了台阶，对方更容易接受一些。

关于表扬，你要注意的是

第一，表扬是认可的一种，与赞美一样只适用于红色性格的人。

第二，表扬红色性格的时候，除了要具体外，最好能够当着众人的面，这样的表扬会更有效果。

第三，如果你觉得对方处理问题确实有不周到的地方，可以选择私下指出。

第四章
性格色彩之生活

1

不同性格色彩的宝宝如何搞定

作为父母，大多都有为宝宝行为头疼焦急的时刻，而作为宝宝，即便他们都表现了同样的行为，如果是用一种方式对待，也不一定能搞定。

红色性格

红色性格宝宝性格开朗，喜欢与人互动。对新鲜事物容易产生兴趣，但长性不足。爱表现，渴望得到关注。如果长期得不到外界的表扬和肯定，就会失落、压抑、逃避。所以，家长要给予红色性格宝宝较多的情感关注，不仅是语言上的情感表达，还可以是肢体上的，比如抱抱、亲亲。这样他们才能充分感受到被爱、被认同，从而产生安全感。

蓝色性格

蓝色性格宝宝情绪内敛，不愿表达。在与他人的互动中，更希望用行动或暗示的方法表达。蓝色性格宝宝对自己要求很高，关注细节，要求完美。上课时，虽比不上红色性格宝宝的反应迅速，但蓝色性格宝宝思考很久给出的答案质量很高，要超出同龄宝宝的简单思维，像个小思考家。

蓝色性格宝宝会比较久地沉浸在分离的情绪中。入园过渡期里，可以从家里带一些宝宝熟悉、喜欢的玩具陪伴他们，安抚他对新环境的陌生感。

黄色性格

黄色性格宝宝自信，喜欢迎接挑战，各方面表现突出。特别在竞技活动中，他们不服输，不放弃，争强好胜。他们喜欢控制或者命令其他小朋友，不太关注别人的感受，易给人造成压力。

黄色性格宝宝喜欢挑战和完成任务。任务记录表一方面能给宝宝设定目标，另一方面也可以让他们体会到完成任务的成就感，产生更好表现的动力。例如：准时起床、按时吃完午饭、帮助同学，都能得一朵小红花，当小红花累计到一定数量，就可以提一个合理要求。

绿色性格

绿色性格宝宝生性平和，情绪平稳。他们在集体中不太引人注目，喜欢一个人静静地玩。他们害怕发生冲突，经常充当和事佬。他们很少提要求，甚至面对老师、家长的询问，也不敢表达自己真实的想法，总说"随便""都可以""我也不知道""你定吧"。

绿色性格宝宝的存在感不强，但不代表他们没需求。他们希望人际关系和谐，总把别人的感受放在首位，不敢表达自己的真实想法。家长可以定期举办家庭小剧场，让宝宝做主角，鼓励他们勇敢表达心声和想法，无论对错，家长都要鼓励。

不同性格色彩的宝宝如何搞定

家长如何搞定不同性格色彩的宝宝？

黄色性格：对我有好处我就做。黄色性格自信，争强好胜，他们喜欢控制或命令其他小朋友，易给人造成压力。

可以让他们体会到完成任务的成就感。

完成任务就有一朵小红花

红色性格：情感关注第一位。红色性格性格开朗，喜欢与人互动，但长性不足，爱表现，渴望得到关注。

家长要给予红色性格较多的情感关注，比如肢体上的抱抱，亲亲。

宝宝真棒

么一个

绿色性格：性情稳定的听话乖宝宝。绿色性格生性平和，情绪平衡。集体中不太引人注目，喜欢一个人静静地玩。

他们很少提要求，不敢表达自己真实的想法，总说

都可以

随便

蓝色性格：无言但希望你懂。蓝色性格情绪内敛，在与他人的互动中，更希望用行动或暗示的方法表达。

带一些宝宝喜欢的玩具陪伴他们，

能安抚他对新环境的陌生感。

绿色性格的存在感不强，但不代表他们没需求。他们希望人际关系和谐，总把别人的感受放在首位。

家长可以鼓励他们勇敢表达心声和想法。

无论对错，家长都要鼓励。

2

不同性格色彩的"爱面子"

俗话说"人争一口气，佛争一炷香"。"死要面子活受罪"，是说有人为了脸面的问题，宁可承受原来大可不必承受的磨难。可见面子问题确实是一个问题。而不同性格色彩是怎么来看待面子问题的呢?

红色性格

对红色性格而言，面子就等于别人对自己的评价。别人对自己评价越高，自己的脸上越有光，别人对自己的评价越低，则自己会觉得没有面子。因此红色性格会非常看重面子。

蓝色性格

蓝色性格其实也是面子观念极强的。他们同样会在意别人的评价，但他们更在意的是自己怎么看待自己。苏武塞外牧羊，留胡不辱，天寒地冻，荒无人烟，只要自己对得起自己才是最重要的。所以他们不会刻意做出一些打肿脸充胖子的

不同性格色彩的"爱面子"

不同性格色彩是怎么来看待面子问题的呢？

黄色性格不在乎别人对自己的评价，也对节操这种玩意不屑一顾。

扔
啵

对红色性格而言，面子就等于别人对自己的评价。评价越高，自己的脸上越有光，评价越低，越没有面子。

黄色性格不仅仅对面子毫不在意，对那些在意面子的人更是不屑一顾。

死要面子活受罪

蓝色性格其实是面子观念极强的颜色。他们同样会在意别人的评价，但他们更在意的是自己怎么看待自己。

饿死事小

失节事大

绿色性格对于面子也是不太在意的。因为考虑面子问题，会让绿色觉得很复杂，很难受。

行为，而是尽量地恪尽职守做好自己的本分。在《色眼识人》中我曾经讲到过，蓝色性格不会吃嗟来之食。因为"饿死事小，失节事大"。按照今天的话讲，就是节操不能掉。

黄色性格

黄色性格不在乎别人对自己的评价，也对节操这种玩意不屑一顾。黄色性格宁可将自己的注意力放在如何达成自己的目标上，而非面子上。刘邦在面对项羽时，可以做到低三下四，乞讨求饶，是因为刘邦心里非常清楚只有这样才能最终战胜项羽。韩信能受胯下之辱，也是清楚地知道自己的目标在哪里。黄色性格不仅仅对面子毫不在意，对那些在意面子的人更是不屑一顾。大概"死要面子活受罪"就是黄色性格用来批判他人的。

绿色性格

绿色性格对于面子也是不太在意的。因为考虑面子问题，会让绿色性格觉得很复杂，很难受。同时绿色性格也不太在意他人对自己的评价，道德原则问题自己也不会花太多力气去考虑，所以绿色性格不会被面子问题所困扰。

3

....

不同性格色彩的人如何看待啃老族

　　"啃老族"并非找不到工作，而是主动放弃了就业的机会，赋闲在家，不仅衣食住行全靠父母，而且花销往往不菲。

红色性格

　　在宣称要自力更生的年轻人当中，有相当一部分是红色性格。他们反对啃老的内心动机是不希望自己因为啃老而被别人瞧不起。毕竟一个人买不起房，仍然要靠父母的支援才能安家，这会让他们觉得脸上无光。而随着时间的推移，当他发现周围人似乎也都是靠父母才买上房时，这种顾虑最终会消失，欣然地接受父母的资助。还有的红色性格，面对经济压力本能地会选择逃避，他们不愿意让自己过得太艰苦，享受得过且过的生活，从而心安理得的接受父母的资助，这也是被大众批评最多的行为。从内心动机上讲，红色性格对于父母资助自己这件事情，是不排斥的。

不同性格色彩的人如何看待啃老族

蓝色性格不愿意成为啃老族，但是也不会批判啃老族。蓝色性格也在乎面子，在乎别人的看法。

蓝色性格担心一旦接受了父母的资助，那么在自己已经取得的成绩中就会出现瑕疵。

红色性格反对啃老的内心动机是不希望自己因为啃老而被别人瞧不起。

毕竟一个人买不起房，要靠父母的支援才能安家，这会让他们觉得脸上无光。

黄色性格也是不愿意成为啃老族的，同时黄色性格会鄙视和批判啃老族。黄色性格天性崇拜强大，而鄙视弱者。

黄色性格不允许自己接受父母的施舍，也看不惯别人接受。

当他发现周围人似乎也都是靠父母才买上房时，这种顾虑最终会消失，欣然地接受父母的资助。

从内心动机上讲，红色性格对于父母资助自己这件事情，是不排斥的。

绿色性格不会主动向父母求援，但也不会排斥啃老。绿色性格并不会认为啃老是一件多么丢脸的事情。

只有当父母主动提出要资助绿色性格时，绿色性格才会被动地成为啃老一族。

蓝色性格

蓝色性格不愿意成为啃老族，但是也不会批判啃老族。蓝色性格在乎别人的看法，当然更在乎自己对自己的看法。蓝色性格担心一旦接受了父母的资助，那么在自己已经取得的成绩中就会出现瑕疵，日子久了会如一只苍蝇一般让自己寝食难安。哪怕只是接受一次资助，蓝色性格在暮年回首往事时，看着通过奋斗得到的一切，就会充满无限的遗憾。因为这些成绩，里面夹杂了父母的付出，让成果变得不够完整和完美了。

黄色性格

黄色性格也是不愿意成为啃老族的，同时黄色性格会鄙视和批判啃老族。黄色性格天性崇拜强大，而鄙视弱者。当黄色性格觉得自己还没有能力买房时，只会觉得是因为自己不够努力，对自己还不够狠。黄色性格唯一的选择就是更加地发愤图强，更加努力地工作赚钱。接受父母的资助，意味着什么？意味着承认自己的能力不行。这是黄色性格绝对不能接受的。黄色性格不允许自己接受父母的施舍，也看不惯别人接受。对于他人啃老的行为，黄色性格内心充满了不屑和鄙视，并用最强烈的语言来批评这种软弱的行为。

绿色性格

绿色性格不会主动向父母求援，但也不会排斥啃老。绿色性格并不会认为啃老是一件多么丢脸的事情，当然也不会是什么光彩的事情。就跟平时吃饭、穿衣一样，是件极为平常的事情。只有当父母主动提出要资助绿色性格时，绿色性格才会被动地成为啃老一族。而钱多钱少，绿色性格也不会在意。

4

不同性格色彩的旅行观

现代人越来越喜欢通过旅行来放松身心，但不同的人对旅行有着不同的看法和认识。

红色性格

红色性格是四色性格中最喜欢出去旅游的性格。原因有几点，第一，红色性格喜欢新鲜的事物。在一个地方待久了，每天朝九晚五，所见到的风景和所遇到的人，几乎都是一成不变的。红色性格在这样枯燥的生活中，很快就会觉得无趣，他们无时无刻不希望能够跳出现有的环境，去尝试不一样的生活。

第二，红色性格喜欢自由自在的生活，不愿意被生活和工作所束缚。出行看似艰苦，但一想到能够逃离固有的生活模式，自由安排旅行时间，红色性格还是会忍不住跃跃欲试。

不同性格色彩的旅行观

红色性格是四色性格中最喜欢出去旅游的性格。

蓝色性格并不需要新鲜的环境来给予自己更多的感官上的刺激，而是通过旅行来思考更多人生的意义。

红色性格喜欢自由自在的生活，不愿意被生活和工作所束缚。

黄色性格也是喜欢旅行的，但是黄色性格的旅行在其他人眼中恐怕不能称之为旅行。

他们去只是为了证明我去过了。

蓝色性格若要出行，必然要事先做很多的功课。

绿色性格有时间宁可在家待着，享受着舒适的环境，安逸的生活，有空上网，看看电影，这才是人生啊。

蓝色性格

蓝色性格其实也是很喜欢旅行的，但是跟红色性格相比，蓝色性格不如红色性格那么有冲劲，可以天天惦记着旅游，一有空就往外跑。蓝色性格若要出行，必然要事先做很多的功课，除了常规的旅行攻略和行程安排外。蓝色性格很注重出行的过程中，自己能够看到什么，或者期待能够看到什么。也不需要新鲜的环境来给予自己更多的感官上的刺激。从这个角度来讲，蓝色性格的旅行是不会安排去所谓的度假村、游乐园之类的，那些地方过于闹腾，不符合蓝色性格的期望。他们更愿意去直接接触山水，或者有历史感的建筑、城墙之类的。这些会给蓝色性格心灵的沉淀带来巨大帮助。

黄色性格

黄色性格也是喜欢旅行的，但是黄色性格的旅行在其他人眼中恐怕不能称之为旅行。因为他们对到什么地方，看什么风景，几乎没有兴趣。他们唯一在乎的就是自己来到这个地方。这就是黄色性格的逻辑，他们并不在乎旅行中自己能够得到什么，只是在乎自己去过了就可以了。他们去只是为了证明我去过了。

绿色性格

从上面的角度来看，其实红、蓝、黄三种性格都是喜欢出行的，但是方式方法目的却天差地别，唯一一个不喜欢旅游的性格就是绿色性格。对于绿色性格而言，要出去旅行，整理行囊，赶火车，赶飞机，走走停停，听上去就觉得异常地麻烦，更何况在外面吃不好，睡不好，就为了看一些山水石头，看人头闪动，有意思吗？所以绿色性格有时间宁可在家待着，享受着舒适的环境，安逸的生活，有空上上网，看看电影，这才是人生啊。如果想要了解外面的风土人情，看风光片不一样吗？

5

不同性格色彩的网购倾向

网购已经成为人们生活中的一部分，但不同的人对待网购有着不同的看法。

红色性格

红色性格天生就喜欢新生的事物，对网购这种新颖方便的购物形式无疑是缺乏抵抗力的。曾有一个红色性格的学员自诩是中国最早的电子商务的尝鲜者，在 1997 年就开通了网银成为了 8848 的忠实客户，直到 8848 倒闭，他才转战淘宝、京东。几十年如一日地在网上购物，从未考虑过安全问题，直到有天账户余额被盗才开始意识到网银的安全问题。类似这样的网购一族，多半是对着新生事物有着强烈的好奇心，并勇于尝试的一群人。当然红色性格的另一个缺乏自控的过当也会让红色性格在网购时是雪上加霜。"双十一"过后，来自网络上一条消息吸引了多家媒体的关注。一位女士从"双十一"前一天晚上就坐在电脑前"奋战"，直到第二天中午才离开电脑，下了近 20 个订单。让这位女士始料不及的是，她的丈夫对她疯狂网购的行为产生了不满，丈夫表示，自己简直就是娶了一个"移动淘宝机"回来，一气之下告到了法院，要求离婚。另外，根据某家媒体报道称，这位女士平时下班后没事就上网团购，光是"双十一"就在网购上投进了近万元。事发当天，她在晚饭后，坐在电脑前淘宝，甚至连正在哭闹的女儿都无心理会。夫妻俩为此大吵，该女士冲进厨房，手起刀落，剁了自己的左手大拇指。幸而抢救及时，她的手指被接了回来，但后遗症却难以避免。

蓝色性格

蓝色性格对待网购的心情是比较复杂的。一方面网购物品的信息都会以图片、文字呈现在网上，甚至还有对物品使用之后的评价也能一目了然。这点对于喜好分析比较，慎重做决定的蓝色性格是有诱惑力的。他们可以抽出大量的时间来挑选自己喜欢的物品。但另一方面，蓝色性格对于网购物品的真伪、质量、运输等都存在很大的顾虑，尤其是网上银行及网上支付的安全性更让蓝色性格退避三舍。有一个蓝色性格的学员，在同事都大量网购的时候，仍然保持着观望态度。看到同事买到的东西，几次拿到物品去专柜比较，发现东西是真品后，开始有些动心。但仍然坚持让同事代为下单，代为付款。等自己拿到货物，验证真实后，才将钱还给同事。

黄色性格

黄色性格一般很少网上购物。黄色性格本性中并不排斥这种新生的购物方式，只是他们更相信"眼见为实"这四个字。仅仅是通过网上的图片和文字介绍很难让黄色性格下定决心付款，他们更倾向于一手交钱，一手交货。当然还有更重要的原因是，黄色性格非常难以忍受物品在快递过程中的等待。他们宁可开车跑到商场买了东西立刻回家，也不愿意为了便宜实惠而等待若干天。当然还有更深层的原因是，黄色性格相信"便宜无好货，好货不便宜"的道理，网上各种打折促销也会让黄色性格拒绝网购。

不同性格色彩的网购倾向

红色性格对网购这种新颖方便的购物形式无疑是缺乏抵抗力的。

蓝色性格对于网购物品的真伪、质量、运输等都存在很大的顾虑。

红色性格的另一个缺乏自控的过当也会让红色性格在网购中是雪上加霜。

黄色性格一般很少网上购物。

蓝色性格对待网购的心情是比较复杂的。

绿色性格对于网络购物的冲动几乎没有。

绿色性格

绿色性格对于网络购物的冲动几乎没有。这是由于绿色性格在日常购物的时候，会有自己固定的购物地点和内容。比如在某个商店里面买衣服，在某个超市里面买日用品。这些都是长期生活以来慢慢适应的结果。网购的第一步就是要注册账号，设置密码，填写收货地址等等。这些环节都会让绿色性格觉得非常麻烦，更别提什么支付宝、财付通等需要开通网银的大麻烦事了。

6

不同性格色彩如何看待选秀

成功的道路并非只有一条，如果将选秀成名算作是一种成功的话，那么参加选秀无疑是获得成功的最短途径。而不同性格的人，对于选秀的态度其实天差地别，有的人会非常积极地参加选秀，有的人则完全与选秀绝缘。

红色性格

红色性格是参加选秀的主力军，他们非常愿意活跃在选秀的舞台上。有的选手甚至会活跃在不同的选秀节目中，在某个台他们参加的唱歌比赛，到了另一个台参加的可能就是舞蹈比赛。驱使红色性格参加选秀的动力有三个。第一，就是要获得大家的关注。第二，他们并不在意别人的看法，只要自己能够表现自己就可以，这也成为红色性格参加选秀的第二个动力。第三个动力是，红色性格认为选秀节目是可以让自己一夜成名的大好机会。

蓝色性格

蓝色性格不会参加任何的选秀节目，这是因为蓝色性格的性格特点决定的不参

不同性格色彩如何看待选秀

如果将选秀成名算作是一种成功的话，那么参加选秀无疑是获得成功的最短途径。

蓝色性格在内心深处并不认可成为名星是人生的成功，站上舞台就是所谓的优秀。

红色性格是参加选秀的主力军，他们非常愿意活跃在选秀的舞台上。

黄色性格天性就喜欢与人比赛，挑战自我是黄色性格的借口，战胜他人才是黄色性格的目的。

蓝色性格不会参加任何的选秀节目，这是因为蓝色的性格特点决定的。

绿色性格不愿意参加选秀节目，毕竟要参加一个选秀，从头到尾要付出的努力实在是太多了。

加选秀有两个特点。第一个特点是，蓝色性格的怀疑态度。蓝色性格对于选秀节目中，明星是如何产生的，一直保持着怀疑态度。蓝色性格并不相信这样的选秀就是一个绝对公平、公开的舞台，相反，在蓝色性格看来，选秀中的猫腻实在太多了。跟导师之间千丝万缕的联系，在路上抢人手机发投票短信等等，这样的新闻会让蓝色性格对选秀的暗箱操作深信不疑。第二个特点就是蓝色性格不愿意成为众人瞩目的焦点。也就是蓝色性格在内心深处并不认可成为明星是人生的成功，站上舞台就是所谓的优秀。这些蓝色性格是绝对怀疑的。蓝色性格认为明星之所以成为明星，是因为有人在关注他、在捧他。一旦离开了他人的关注，明星可能什么都不是。这样完全依赖外界给予认可的成功，是蓝色性格所不屑的。

黄色性格

黄色性格会参加选秀。一方面是黄色性格也看到了选秀里面蕴含着成功的机会；另一方面是黄色性格也看到了选秀中比赛的元素。选秀是一个造星的过程，一旦有幸成为明星，那么后面的好处自然不用说，能够让自己功成名就。而且黄色性格天性中就喜欢与人比赛，挑战自我是黄色性格的借口，战胜他人才是黄色性格的目的。基于这两个理由，黄色性格也会对参加选秀特别有兴趣。但是黄色性格参加选秀与红色性格还是有不同，黄色性格挑自己最适合和最擅长的领域参加，红色性格则是来者不拒，只要参加就好。黄色性格在参加前就会对自己的名次有定位，并极力向名次奋斗。

绿色性格

绿色性格不愿意参加选秀节目，毕竟要参加一个选秀，从头到尾要付出的努力实在是太多了。绿色性格不愿意付出努力，源于他们对成为明星的渴望并不强烈。相反，他们对于把日子过得安稳和平淡更有兴趣，拒绝人生中的大起大落。

7

不同性格色彩的宅男

　　宅在家里只是生活的一种形式，在宅的群体里面，有各种各样的宅，他们有的积极健康，有的则消极颓废，不能一概而论。不同性格色彩其实都是有可能待在家中不出门的。

红色性格

　　红色性格的宅男分为两个大类。第一个类别，因为现实压力而选择逃避者。这类红色性格往往没办法适应外部世界错综复杂的交际环境，对人际交往感到恐惧。退缩到自己的小空间里面，打打游戏，看看动漫，以此来消磨自己的时光。

　　红色性格的第二种类别，就是御宅族。他们之所以待在家里，并不是为了逃避人际交往和现实的压力，而是对于动漫、游戏之类真的很痴迷。而这些爱好都是需要在家才能完成的。他们有正常的工作和生活，甚至经常在户外活动，只是因为他们的爱好，他们将更多的时间放在家里。他们自称为御宅族，并将第一种逃避者称为"伪宅"。这类人群的典型特点就是为了爱好，可以不顾一切。

不同性格色彩的宅男

宅在家里只是生活的一种形式，在宅的群体里面，有各种各样的宅，不能一概而论。

蓝色性格的宅男多半以SOHO一族为主，他们并不能算是传统意义上的宅男。

红色性格的宅男分为两类，第一类对人际交往感到恐惧。退缩到自己的小空间里面，通过打游戏、看动漫消磨自己的时光。

黄色性格不愿意成为宅男，本能地会怀疑消息的真实性及消息来源的可靠性。

红色性格的第二种类别，就是御宅族。他们之所以待在家里，并不是为了逃避人际交往和现实的压力，

而是对于动漫，游戏之类真的很痴迷。

绿色性格也是很有可能成为宅男的，在家看电视、上网都是会让绿色性格觉得轻松自在的事情。

其实御宅族看似健康爱好的背后，仍然是红色性格自控力薄弱的表现。把大量的时间花在爱好上，势必也会造成身体的损耗。

蓝色性格

蓝色性格的宅男多半以 SOHO 一族为主，他们并不能算是传统意义上的宅男，但仍然是属于长期待在家中的群体。SOHO 这个词是英文 Small Office Home Office 的缩写，意思是指家居办公。在红色性格眼中，他们选择 SOHO，是觉得在家工作能够自由地支配时间，灵活地安排任务。而蓝色性格选择 SOHO 是可以减少外界对自己的干扰，从而让自己有更多的时间将活干得更细致。

黄色性格

黄色性格不愿意成为宅男是因为，黄色性格内心中有着极强的控制欲，对于获得消息也是如此。对于网络上铺天盖地的消息，黄色性格本能地会怀疑消息的真实性及消息来源的可靠性。他们更愿意自己走出门去掌握第一手的材料，而非道听途说。黄色性格几乎没有爱好，他们更愿意把时间花在工作上，而非这些没有实际收益的兴趣上。这也是导致"宅"对黄色性格缺乏吸引力的重要原因。但是这并不表示宅男的群体中，没有黄色性格。如果黄色性格的工作性质就是网络或者相关，他们也会孜孜不倦地在电脑前面不停地工作。很多顶尖级的黑客高手，都是黄色性格。

绿色性格

绿色性格也是很有可能成为宅男的，因为绿色性格觉得出门太过于麻烦，逛街也很麻烦，那么在家看电视、上网都是会让绿色性格觉得轻松自在的事情。但是绿色性格的好处在于，绿色性格并不会沉迷于其中。当有亲友拉他出去做户外活动时，绿色性格也会欣然前往。比起在家轻松自在，绿色性格更愿意跟亲友待在一起。

8

不同性格色彩的孩子如何管理好压岁钱

　　凡是有孩子的家庭，每年都会收到一笔数目可观的压岁钱，怎样有效地来安排？网上有很多理财专家提出建议按照年龄段的不同，来给予孩子一定的权限。把压岁钱交给孩子不是目的，重要的是要通过压岁钱培养孩子理财的意识和独立自主的能力。

　　从性格色彩的角度来看，这条建议也仅仅是适合某一类性格的孩子，并非所有的孩子都适合。这是因为不同性格对于独立自主的理解和需要也是不完全一样的。那么我们仅仅从管钱的角度，来看看不同性格的问题和麻烦分别在哪里。

红色性格

　　红色性格小孩在管钱时最麻烦的就是自控力不够强，而且想要的太多。基本上，看到什么就想要什么，教给他如何控制自己才是理财的核心和关键。红色性格除了自控能力不强、不善于规划外，喜欢结交或讨好他人，也会让红色性格在花钱的问题上形成大手大脚的毛病。

不同性格色彩的孩子如何管理好压岁钱

凡是有孩子的家庭，每年都会收到一笔数目可观的压岁钱。

蓝色性格管钱时最大的好处就是知道节省和规划，但麻烦的是他们不太懂得变通。

网上有很多理财专家提出建议按照年龄段的不同，来给予孩子一定的权限。

黄色性格在管钱的问题上，最大的问题来源于他们对于掌控的欲望过于强烈。

红色性格在管钱时最麻烦的就是自控力不够强，而且想要的太多。

绿色性格在理财上面最大的麻烦是，绿色缺乏自主意识。他们非常习惯依靠父母做决定。

蓝色性格

蓝色性格小孩管钱时最大的好处就是知道节省和规划，但麻烦的是他们不太懂得变通。蓝色性格对于规则和制度的尊重是超过家长的想象的，所以在制定理财的制度时，必须要把所有可能性全部罗列出来，并提出相应的解决办法。这样才不会让孩子在遇到新问题时，无所适从。

黄色性格

黄色性格小孩在管钱的问题上，最大的问题来源于他们对于掌控的欲望过于强烈，如果家长无法提供条件满足，则他们会突破约束自己来想办法。黄色性格的逻辑就是，你不给我钱，我也不求你，我就自己想办法弄钱。其实解决这个问题最好的办法就是一开始就不要让他知道压岁钱有多少，更不要承诺到了什么时候交给他。一旦他知道了，又提出来要自己管理的时候，可以在父母的监管下，交给他自由支配。他得到了自主权，会更加努力地证明自己善于理财，从而获得更大的自主权。

绿色性格

绿色性格小孩在理财上面最大的麻烦是缺乏自主意识。他们非常习惯依靠父母做决定，即便你把财权交在他手上，他仍然不敢开销，又或者每次开销之前都会来征求父母的意见。对于这个问题，其实最好的办法就是父母要缩小绿色性格的可选范围，不要把他一下子扔在一堆选择中。最好是能提供最有价值的两个或者三个选项，让他在里面做选择。通过这样的方式，慢慢培养他在开销时候自己做决定的能力。

9

不同性格色彩孩子的调皮指数

　　每个孩子都是可爱的天使，调皮更是大多数孩子的天性，但因性格不同，调皮的指数和程度还是有所区别。

红色性格

　　红色性格孩子活泼好动，因此其调皮指数非常之高，尤其是当红色性格的孩子处于一个陌生的环境或去别人家坐客时，红色性格对于新鲜事物比较好奇。长期待在家里，对家中的事物几乎已经了如指掌，那么一旦有机会到别人的地方做客，必然就会不停地探索各种新鲜。比如到处翻箱倒柜，蹦蹦跳跳，删游戏删存档什么的。这些行为其实都是红色性格在尝新的表现。红色性格折腾的过程其实也是引起关注的过程。

蓝色性格

　　蓝色性格孩子相比红色性格而言，要安静许多。他们也不会通过不断的折腾来满足自己的好奇心，也甚至没有任何吸引他人注意的动力。所以一般蓝色性格会给人一种安静听话的印象从不会被贴上调皮的标签，他会沉浸于自己喜欢的事或和喜欢的人交谈。你若和他交谈起来，会惊讶地发现，他其实懂的东西还是很多的。

黄色性格

黄色性格孩子调皮指数也比较高，尤其是对很多事情的后果没有概念时，他会做出很多不可思议的事。但如果你真的了解黄色性格的孩子，你会发现黄色性格孩子最麻烦的地方不在于不断地折腾家里的东西，而是会折腾人。他们会主动地来挤占你的时间，让你无暇做其他的事情。

绿色性格

绿色性格孩子不会折腾，很安静，几乎没有什么烦人的行为。他们到了陌生的环境，除非在家长的带领下，否则不会四处走动，更不会翻箱倒柜。他们宁可安静地陪在父母身边，听父母聊天，也绝不私下乱跑乱动，直到父母决定离开。

不同性格色彩的孩子的调皮指数

不同性格色彩的孩子的调皮指数。

蓝色性格的孩子会相对安静，沉浸于自己喜欢的事或和喜欢的人交谈。

红色性格的孩子活泼好动，最爱翻箱倒柜。

黄色性格的孩子调皮指数最高，而且最易不计后果。

红色性格折腾的过程其实也是引起关注的过程。

绿色性格的孩子不会折腾，很安静，几乎没有什么烦人的行为。

10

不同性格色彩如何看待认错

《左传·宣公二年》中言：知错能改，善莫大焉。但这个论点不是所有性格色彩都会认同。

红色性格

红色性格是有错就认，不认不舒服。红色性格一旦发现自己错了，内心就好比无数个蚂蚁在爬一般难受，如果不能在嘴边上表达出来，就会感觉这无数个蚂蚁死在自己心里一般。所以一旦发现自己有错，红色性格一般会立刻出来道歉。如果自己的歉意无法顺畅的给到对方，红色性格的心里会更加郁闷，继而转向于诉诸文字，或者去和朋友倾诉。

蓝色性格

蓝色性格是有错会认，但内心会陷入无限的纠结和痛苦当中。因为蓝色性格本身就是一个完美主义者，在每个决定，每个想法上都会经历深思熟虑，他们不允许自己有半点差池。如果发现自己犯下的错误，面对他人承认并不困难，难的是如何给自己

不同性格色彩如何看待认错

红色性格是有错就认，不认不舒服。所以一旦发现自己有错，红色性格一般会立刻出来道歉。

黄色性格的死不认错，基本上已经名声在外。这是因为黄色性格不够相信别人给出的判断和结论。

如果自己的歉意无法顺畅的给到对方，红色性格的心里会更加郁闷。

当然黄色性格也会发现自己有错的时候，此时黄色性格会认为认错并不能改变任何的东西，如何调整才是当务之急。

蓝色性格是有错会认，但内心会陷入无限的纠结和痛苦当中。

绿色性格认错的态度也是很好的，只是速度比较慢。一般来说，都是别人告诉绿色性格你错了的时候，绿色性格才会意识到需要道歉。

一个交代。韩国某已故围棋高手的儿子在回忆父亲的时候，曾经说到"父亲每次输棋回来，都会把自己关在房内，三天不吃不喝。任凭我们怎么去叫，他也不会开门。有次我进到他房内，偶然看到了他书桌上摆放着的就是输掉的棋局的复盘，从第一手到最后一手，每一手都有很详细的反思记录。等父亲去世后清点遗物时，才发现这样密密麻麻的反思记录装满了几个书柜，涵盖他刚开始下棋到最后一次的比赛。

黄色性格

黄色性格的死不认错，基本上已经名声在外了。这是因为黄色性格不够相信别人给出的判断和结论。有一黄色性格的老王，在医院检查出来患有晚期肺癌，当时的反应就是医院的机器有问题，医生水平有问题。最后还去了好几个医院复查得到一致的结论后，他才确认自己真的患上了肺癌。你想医院里面的诊断书都尚且无法让他全然相信，更别谈一般人给出的反馈了。黄色性格不相信他人与否认是有本质的差别的。很多人在身患重病后会有一段时间不相信自己得病，这个阶段被称为否认期。很多人的否认期其实是无法接受自己身患重病而已，本质上他们是相信医生和医院的结论的。而黄色性格在内心深处就是不相信医院的结论的。当然黄色性格也会发现自己有错的时候，此时黄色性格会认为认错并不能改变任何的东西，如何调整才是当务之急。这也成为黄色性格在认错问题上铁一般的规律。

绿色性格

绿色性格认错的态度也是很好的，只是速度比较慢。红色性格一般是在事情发生了当下，立刻就能觉察到自己犯错了，可能当下就会道歉。但是绿色性格没有红色性格这么快速的思维，也没有检讨自身的习惯。一般来说，都是别人告诉绿色性格你错了的时候，绿色性格才会认识到。也是在他人表达出不舒服时，绿色性格才会意识到需要道歉。

11

不同性格色彩的孩子出国留学

看到别人家的孩子出国了，自己也盘算着怎么把自己的孩子送出国。这样的父母其实在中国挺多的，在他们的观念中似乎出国留学后，孩子就能一帆风顺，能上一个好的学校，找一份轻松的工作。但是，孩子的学习能力如何，生活自理的能力又怎么样，其实不同的孩子在新环境里面出现的问题不太一样，从性格的角度来分析，不同的孩子可能会遇到不同的问题。

红色性格

红色性格孩子最大的优势就是到了国外后，并不容易怯场。语言关很容易过，毕竟在纯外语的环境，比在国内学习外语要容易得多。同时，红色性格还有善于人际交往的优势，他们在国外也容易迅速地和陌生人建立联系，形成新的朋友圈，不容易变得孤僻寂寞。但是麻烦的事情也不是没有，红色性格的自控能力是比较差的，离开了父母的约束，很容易变得信马由缰，如果再加上学习兴趣的下降，那几乎就会毁掉孩子，也毁掉未来的前程。

不同性格色彩的孩子出国留学

看到别人家的孩子出国了，自己也盘算着怎么把自己的孩子送出国。

蓝色性格孩子出国后最大的危机来源于人际交往。

但是，孩子的学习能力如何，生活自理的能力又怎么样？

黄色性格孩子的自理能力非常强，对于学习也是非常地看中，按理说应该是让父母最为放心的性格。

红色性格孩子最大的优势就是到了国外后，并不容易怯场。语言关很容易过。

绿色性格孩子出国后最大的麻烦在于学习不够主动，很难获得理想的成绩。

蓝色性格

蓝色性格出国后最大的危机来源于人际交往上的。蓝色性格本身并不擅长与人沟通，又加上语言不通，更加重了内心的寂寞之感。常常是一个人形单影只地生活。虽然他们并不像红色性格那样容易做出出格的举动，但长期地处于孤独状态，会让内心世界变得更加敏感，加大心理问题的发生几率。

蓝色性格的内敛虽然是天生的，但是如果在环境中无法与人获得适当的接触，会逐渐将更多的关注度转向自身，从而让自己变得更加敏感多疑，对未来的发展无疑是非常有害的。

黄色性格

黄色性格的自理能力非常强，对于学习也是非常地看中，按理说应该是让父母最为放心的性格，但是要知道黄色性格天生的争强好胜会让黄色性格因为极为努力从而让自己的身体付出惨痛的代价。学习与休息的平衡对于黄色性格而言，似乎是永远无法实现的。在他们的眼中，既然来到这个充满压力和挑战的新世界，那么就一定要让自己出人头地。

黄色性格在无人监管的时候，确实会非常努力拼命，但也正因为没有人提醒，对于尚不知道健康有多重要的孩子而言，他们牺牲掉的可能是未来的竞争力。

绿色性格

绿色性格出国后最大的麻烦在于学习不够主动，很难获得理想的成绩。在国内的应试教育中，老师犹如一个硕大的推土机在后面不断地推着孩子学习，而国外的教育理念与国内有很大的不同。很多时候需要自己来发现问题，提出问题，并在老师的帮助下解决问题。对于主动性不强的绿色性格，这点确实是非常困扰的。

12
不同性格色彩父母对孩子的监管

为人父母之后，才知道牵挂的力量有多大，孩子的一举一动，甚至是一言一行都牵动着父母的神经。因此，对于孩子的监管成为了父母的头等大事。

红色性格

红色性格的父母在监管问题上，比较容易犯的错误是将自身的焦虑带给孩子。红色性格的情绪容易波动，心情也容易被环境所影响。每当看到新闻中有危险因素的时候，第一时间就会感到焦虑，担心孩子会不会出什么意外。为了防止孩子出现意外，红色性格最好的办法就是实时监控，片刻不离身。

蓝色性格

蓝色性格父母在监管问题上，比较容易犯的错误是要求严格，让孩子备感压力，让孩子无所适从。蓝色性格表达关爱的方式更多的是通过行为来表达，在监管问题上，他们并不会像红色性格那样很轻易地就让孩子察觉到自己的监视，更

不同性格色彩父母对孩子的监管

红色性格的父母在监管问题上，比较容易犯的错误是将自身的焦虑带给孩子。

黄色性格的父母在监管问题上，比较容易犯的问题是，严厉苛责，不留余地。

蓝色性格父母在监管问题上，比较容易犯的错误是要求严格，让孩子备感压力。

父母是黄色性格，基本上没有商量的可能性。

这样的做法在孩子眼中就是对自己成长的严重阻碍。你什么都不明白，凭什么对我指手画脚？

绿色性格的父母在监管问题上，最容易犯的错误就是不闻不问。

不会把自己内心的焦虑传递出来。当他们觉得焦虑的时候，会选择自己慢慢消化，除非当焦虑达到一个临界点。这样给孩子的感觉就是，父母似乎对自己一无所知，完全不管，有天突然会蹦出来，告诉孩子什么东西不对。此时的监管在孩子眼中就是对自己成长的严重阻碍。你什么都不明白，凭什么对我指手画脚？要解决这个问题，最好的办法就是蓝色性格在平时要多训练表达，将自己收集到的信息与孩子沟通，让孩子明白你其实一直在关注他的成长。

黄色性格

黄色性格的父母在监管问题上，比较容易犯的问题是：严厉苛责，不留余地。黄色性格的控制欲是极为强烈的，如果不是身边的人很难觉察出来。黄色性格对于孩子的担心一点都不比红色性格少。如果父母是红色性格，当孩子提出什么想法时，尚有商量的余地。但如果父母是黄色性格，基本上没有商量的可能性。摆在孩子面前的只有两条路，要么按照父母的意愿办，要么自己用行动证明父母是错的。这两种办法都过于极端，容易给孩子造成终身的阴影。

绿色性格

绿色性格的父母在监管问题上，最容易犯的错误就是不闻不问。绿色性格没有红色性格那么多的焦虑和担心，也不愿意把世界看得太过复杂。即便外面充斥着各种负面报道，绿色性格一样可以很安稳。他们不相信这样的小概率事件会发生在自己和孩子的身上。这样的好处是，孩子可以最大化的发挥自己的自主权。坏处就是当孩子有了任何的问题，父母都是最后一个知道的。

虽然每个性格在监管上都会有各种各样的问题，但生活中主要提出监管的多半还是红色性格和黄色性格。红色性格监管的主动动机来源于自己的焦虑无处释放，从而展现出不放心。黄色性格更多的是来源于不相信孩子可以变得更好，即便他们嘴巴上说相信，骨子里却是不信的。

13

不同性格色彩换手机的频率

手机在我们的生活中，已经不仅仅是一个通讯工具，生活的方方面面几乎已经离不开手机。随着手机功能地不断更新，手机在使用过程中也在不断地更新换代。那么，不同性格色彩换手机的频率是怎样的呢？

红色性格

红色性格是换手机最为频繁的一群人，其原因有以下几点。第一，红色性格喜欢新鲜的事物，新款手机所宣传的新功能总让他们心动不已。第二，如果周围的人都已经换上了新手机，而自己没换，他们会担心别人会瞧不起自己，毕竟红色性格对于他人的评价还是很在意的。第三，红色性格并不是一个非常仔细的性格，容易丢三落四，常常会因为手机无意中遗失，导致不得不换手机的情况出现。即便如此，红色性格也会安慰自己"旧的不去，新的不来"。

不同性格色彩换手机的频率

红色性格是换手机最为频繁的一群人。

蓝色性格不会盲目地去比拼最新的手机，蓝色性格对手机的外观要求不高，只是希望能够低调一些。

那些有着绚丽外观的手机在蓝色性格看来是过于张扬了。

红色性格常常会因为手机无意中遗失，导致不得不换手机的情况出现。

旧的不去，新的不来

黄色性格换手机的频率不高，因为黄色性格没有追新求异的动力。

蓝色性格换手机不如红色那么频繁。

因为蓝色性格在选择一款手机的时候，思考的因素会比红色性格多很多。

绿色性格一般不会主动想到换手机，但如果身边人大都换了手机，不断地说服绿色性格去换手机一起参与某些新功能，绿色性格很可能就去换了。

蓝色性格

蓝色性格换手机不如红色性格那么频繁，因为蓝色性格在选择一款手机的时候，思考的因素会比红色性格多很多。

蓝色性格不会盲目地去比拼最新的手机，他们会觉得那样会面临着更高的风险，他们更倾向于选择已经成熟的、稳定的、易用的产品。而且蓝色性格使用手机的年限也是会比红色性格长很多。因为他们在选择手机时，就会考虑到未来自己几年内的使用情况。当然，蓝色性格对手机的外观要求不高，但是还是希望能够低调一些。那些有着绚丽外观的手机在蓝色性格看来是过于张扬了。

黄色性格

黄色性格换手机的频率不高。是因为黄色性格没有追新求异的动力，在黄色性格看来，手机只要能够实现他固有的功能即可。那些新出来的手机，尽是一些华而不实的功能，完全没有必要选择。其实黄色性格的逻辑很好理解，需要的功能只要能够满足，就用最小的代价来得到它，其他无关提升工作效率的功能，都是没用的。

但是，黄色性格也有另外一种可能，用最高级最贵的手机，及时更新，以此来凸显自己的高端。

绿色性格

绿色性格一般不会主动想到换手机，但如果身边人大都换了手机，不断地说服绿色性格去换手机一起参与某些新功能，绿色性格很可能就去换了。

14

不同性格色彩的穿衣风格

一个人的穿着打扮受到他的职业、年龄、社会文化、审美等多个因素的影响和制约。不同色彩的性格也会在穿衣风格上有所体现。

红色性格

红色性格在内心是渴望得到大家的关注的，她们的穿衣风格会呈现出多变，有吸引力。对于红色性格穿多穿少不是问题，穿裙子还是裤子也不是问题，只要能够与众不同就好了。红色性格的女性有时甚至不惜花掉四五个小时来精心打扮自己，为的也就是让大家都能关注到自己。

蓝色性格

蓝色性格对于着装是有着相当高的要求的，她们希望自己呈现给对方的感觉是精致的。若暴露太多，她们会担心引发对方的非分之想，反而会显得鄙俗了。蓝色性格对精致的追求不仅仅体现在衣服的款式上，还会体现在面料的质地、品

不同性格色彩的穿衣风格

一个人的穿衣打扮受到他的职业、年龄、社会文化、审美等多个因素的影响和制约。

黄色性格对衣服的外观并不在意，只要能够简练，有助于工作即可。

红色性格在内心是渴望得到大家的关注的，她们的穿衣风格会呈现出多变，有吸引力。

绿色性格的女生更愿意选择宽松、自在的衣服。

蓝色性格对于着装是有着相当高的要求，她们希望自己呈现给对方的感觉是精致的。

近年来流行一种叫作"森女"的穿衣风格，就很能反映绿色性格对待穿着的态度。

牌、做工等方面上，甚至小到一个纽扣，一个胸针都是要精挑细选的。更何况蓝色性格天生就不愿意成为其他瞩目的焦点，穿着性感意味着更多的回头率，这是蓝色性格不希望发生的。

黄色性格

说起黄色性格的女性，大家的脑海里面能够想到谁？黄色性格对衣服的外观并不在意，只要能够简练，有助于工作即可。在黄色性格看来，暴露自己的身体与工作毫无关系的时候，是绝对不会穿的很暴露的。在电影《穿普拉达的女王》中，米兰达身处时尚界，华丽的衣饰也是为了工作需要，一旦回到自己的时间里，立刻就会换回简练的衣服。

绿色性格

绿色性格的女生更愿意选择宽松、自在的衣服，她们往往不愿意在衣着和配饰上花费太多的精力与时间，把穿衣与吃饭、睡觉看作是一样普通的生活基本需求。这与绿色性格的和谐，平静的特点是有着非常大的关系的。近年来流行一种叫作"森女"的穿衣风格，就很能反映绿色性格对待穿着的态度。当然我并没有说，森女风格的女生全部都是绿色性格，只是说森女所提倡的简单的穿衣风格和悠闲的生活态度是与绿色性格相符的。

15

不同性格色彩被死党背叛会如何反应

　　小璞委任自己的死党担任分公司总经理，临行前，他特意嘱咐："这个分公司之前一直处于零利润状态，希望你上任后能够扭转这种状态。"但死党上任不久，一个员工向小璞告密，由于他的好兄弟贪污，分公司现在已经处于亏损状态。小璞打死都不信，过了一段时间，员工将好兄弟的贪污铁证发到小璞手机上，小璞果断做出撤职的决定。当小璞赶去和好兄弟见最后一面时，好兄弟只说了五个字："我错了！我走！"

　　面对死党的背叛，不同性格色彩会如何反应？

红色性格

　　红色性格一生注重情感关系，他们甚至可以为了情感，做出很多常人所不能理解的事情来。而红色性格之所以注重情感关系，很重要的原因是因为红色性格希望他人也能重视自己的情感。

　　所以在发生这样的事情后，红色性格的本能反应是非常地愤怒。

　　愤怒之后的行为会有所不同，但愤怒的情绪却是一大共性。他们无法理解为

不同性格色彩被死党背叛会如何反应

红色性格死党：友情在利益面前流下眼泪。

黄色性格死党：没有永远的朋友。

蓝色性格死党：你背叛我，我比你更痛。

绿色性格死党：过分的宽容就是纵容。

什么自己为了兄弟可以两肋插刀，为了情感可以忍气吞声，而自己的死党不能如此来对待自己。但愤怒之后的做法，却因人而异。职场经验老辣的红色性格，完全可以在短暂的愤怒过后，像黄色性格一样果断地做出关闭分公司的决定，但无法改变的本性，让他们内心充盈的情感如同用塞子塞住的江河之水，一旦好兄弟低头认错，就如同将他们的塞子拔掉了一样，情绪喷涌而出。

让红色性格释怀背叛这件事，相对没有那么困难，如小璞的死党那样，坦然认错，承担责任，以后依然可以重建信任，重新与死党合作。

蓝色性格

蓝色性格要信任一个人非常不容易，一旦他把你视为死党，而你又做出了在他眼中"不道德"甚至是"背叛"的行为，这带给蓝色性格的抑郁消沉恐怕需要很长时间来消化。即使事过境迁，他也会将你的名字打入另册了，这件事带给他的伤害依然久久地存在他的心里。

蓝色性格的一大长处是善于反思自己的问题。在他们长久的沉默里，他们会思考很多问题。因为蓝色性格在交友的过程中，对朋友的基本素质是要经过考察的，也就是说，凡是能被蓝色性格认可为死党关系的人，一定要和蓝色性格有精神上的默契和共鸣才行。一旦遭遇背叛，蓝色性格需要花一些时间来反思对方为什么会背叛，以及是什么时候发生的变化，自己是否有做过一些不对的事情，迫使他发生改变，等等。

作为蓝色性格的死党，如果想让蓝色性格放下背叛这件事，难度会很大，除了承担应有的责任之外，你需要把蓝色性格心里的十万个为什么都回答得"妥妥的"，并且经过一段长时间的重新考察期，才有可能被蓝色性格再次接受。假如在回答的过程中，有所疏漏和缺失，让蓝色性格产生更多的疑问，只怕更难让他释怀了。

黄色性格

　　黄色性格遇到死党背叛自己的事情一般不纠结。

　　首先，黄色性格极少会为了死党而维系一个没有发展前途的分公司，黄色性格会认为，既然分公司利润为零，何苦为了顾全面子而维持，既然你是我的死党，你应该理解我的做法，你应该相信我会以我认为正确的方式来罩着你。与其让你在一个没有利润的分公司当头，不如收你回我身边做我的助手，既能发挥你的用处，我们也能一起来创造利益。

　　其次，如果死党做出了"背叛"的行为，黄色性格会先考虑，死党是为了什么而这样做，死党做这样的事情，想得到的是什么，如果死党的利益和自己的利益有可以交汇的点，而且死党确实是得力人才，黄色性格会先教训他（比如先开除他的职务），让他学会规矩之后，再设法用他，如果死党的根本利益和自己的根本利益背离了，那在黄色性格眼中，单凭友情是无法维系彼此之间的关系的，只能分道扬镳。

　　如果你的死党是黄色性格，请接纳和欣赏他性格中优势的一面：就事论事，以理为先，不拿情绪说事儿。也请好好应对他性格中的不关注感受的一面，也许当你为了兄弟情而恸哭的时候，他是没有感觉的，这并不代表他冷血，只是他更愿意从利益的层面去理性看待彼此的关系。

绿色性格

　　绿色性格在这个问题上会很矛盾和犹豫。因为绿色性格对经营和收入的兴趣本身就没有对人的兴趣大。他们在考虑问题的时候，很愿意尝试从人的角度来看待问题。不得不说绿色性格其实是一种特别容易为他人着想的性格类型，他们很本能地就会去考虑对方的困境和困难，从而委屈了自己。所以面对此类情况，绿色性格无法像黄色性格那样很坚决地做决定，在一拖再拖之下，极有可能给公司带来负面影响。

　　如果你的死党是绿色性格，很恭喜你结交了一个永远不会拂逆你意愿的好朋友，同时，我也要善意地提醒，"慈母多败儿"，过于温顺的、无原则的好友，往往会纵容了你的坏习惯，如果你身边尽是一群绿色性格死党，那你将来跌跟头的可能性非常大。

16

不同性格色彩如何解决去婆家还是回娘家的冲突

双独家庭夫妻，丈夫答应父母中秋节会回家过节，妻子却要求丈夫和自己回娘家过节。如果你是丈夫，遇到这样的妻子，你会怎么做？

红色性格

红色性格丈夫：和妻子沟通，看她的理由是否充分。

因为红色性格高度的情感需求，所以通常也非常关注别人的情感。

也因此红色性格的丈夫往往在内心会非常地纠结，到底去还是不去。然后会和妻子沟通，看她的理由是否充分。虽然进行了沟通，在沟通过程中，红色性格还是会为关注妻子的情感而委屈自己的父母，陪着妻子去丈母娘家过节，毕竟自己的父母总归好说话一些。

但是过节回来，会和老婆沟通，希望明年能提前跟自己商量，进行合理安排，比如说一年男方家过，一年女方家过。当然了，作为一个红色性格丈夫，通常不会在没有和老婆商量的前提下擅自主张，擅自答应父母过节带着媳妇儿回家。如果最终还是去了自己父母家过节，红色性格丈夫会出于对于妻子的愧

不同性格色彩如何解决去婆家还是回娘家的冲突

红色性格丈夫：和妻子沟通，看她的理由是否充分。

蓝色性格丈夫：不回应，先分析她改变计划是否有其他原因。

黄色性格丈夫：不行，这次不能改了，要她下次早点提出来。

绿色性格丈夫：既然她这么想回去，那就听她的吧。

疚，想办法过节后带妻子和丈人、丈母娘出去吃饭，给他们买东西等方式来补偿妻子。

蓝色性格

蓝色性格丈夫：不回应，先分析她改变计划是否有其他原因。

对于蓝色性格来说，要改变已经定好的计划，是一件非常痛苦的事情。蓝色性格天性严谨和重视规则，使得蓝色性格非常不希望改变已定的计划。蓝色性格是非常精准和追求完美的人，因此如果蓝色性格的丈夫制定好了一个计划，那么这个计划中所有的细节他都已经考虑到并且安排好，牵一发而动全身，一旦计划被改变，蓝色性格的全盘计划就都要付之东流，再重新制定一个计划，对于蓝色性格来说，也是一个费时费力的大工程。

其次，当蓝色性格的丈夫，听到妻子突然提出要回娘家过节的时候，第一反应便是不回应，因为蓝色性格的严谨，使得蓝色不愿意在不了解问题的情况下，妄下结论。所以蓝色性格会本能地在心中划出许多条线来分析，妻子改变计划是否有原因，并且是什么原因。当然，通常来说，蓝色性格做决定前，也会参考妻子的反应，所以蓝色性格也通常不会在不对老婆察言观色的情况下，擅自答应父母回家过节。当然了，如果碰到了一个红色性格的老婆，今天想这样，明天想那样的话，这会令蓝色性格非常地痛苦。正是因为这些特点，所以蓝色性格生活在自己的条条框框里面，不太容易变通。

黄色性格

黄色性格丈夫：不行，这次不能改了，要她下次早点提出来。

黄色性格是论事以理为先的人，在交流过程中，首先，黄色性格通常不能感知到妻子的情感需求，黄色性格会觉得，事情既然这么安排了，这次就按照这样安排的去做，基本上如果没有遭到妻子强烈反对的情况下，黄色性格压根儿都不会去问，为什么妻子过节想回自己娘家过。

黄色性格只会一味地给出结果：这次不能改了。如果遇到妻子强烈地反弹，黄色性格才会想起问原因，从而从根本上解决问题。

其次，黄色性格是着眼于未来的人，所以紧接着，黄色性格会立马给出建议：下次过节要去丈母娘家过的话，那就早点提出来。在整个过程中，黄色性格是完全关注于事情的，事情发生了，想解决方案，解决问题，事情结束。这就是黄色性格的逻辑，由于天性中对情感的漠视，所以黄色性格在做事时很少受到情感的束缚从而变得举棋不定。

绿色性格

绿色性格丈夫：既然她这么想回去，那就听她的吧。

绿色性格的丈夫，是非常随遇而安的，对于绿色性格来说，到底是回自己家过节，还是回老婆家过节，这事儿完全不是绿色性格说了算的。绿色性格因为非常在意人际关系的和谐，所以很容易笑呵呵地答应老婆的要求，也会笑呵呵地答应自己父母的要求。到底最终会回谁家过节，这完全取决于自己父母和自己老婆之间谁更强硬一些。绿色性格往往会夹在双方之间，不断地打圆场，做好人。但是，往往到最后绿色性格都不会做出任何决定。很多时候，绿色性格的不作为，会使得自己的父母和自己的老婆都很受伤。

第五章
性格色彩钻石法则

性格色彩中的钻石法则，就是用适合不同性格需求的方式去对待不同的人，以下是一些可以让你对钻石法则入门的简单方法。

1. 红色性格：他们看重个人赞誉，所以当有理由这么做时就要去做。支持他们的想法、目标、意见和梦想。试着不要去和他们虚无飘渺的想法争论，和他们一起兴奋起来。红色性格是"爱交际的蝴蝶"，所以要做好和他们一起到处飞舞的准备。

2. 蓝色性格：蓝色性格是严格遵守时间的，所以对他们的时间要保持敏感。他们需要细节，所以把数据给他们。蓝色性格重视事情，也会把事情和人分的比较清楚。蓝色性格不会在商业或者工作关系中去发展朋友。在蓝色性格有组织地、考虑周全地解决问题和任务的过程中给他们以支持。和他们在一起需要系统性、有逻辑性、准备充分以及精确度。

3. 黄色性格：黄色性格是重视效率的，他希望投入的时间有价值。最好准备快速地工作。直截了当，并给他们简要的信息和选项，以及成功的可能性。在他们有空的时候请用书面方式呈现。

4. 绿色性格：对待绿色性格需要慢一点，另外，绿色性格比较怕麻烦，给绿色性格方案时，尽量把各方面可能出现的障碍提前说清楚，打消绿色性格的顾虑。同时，告诉他们这件事如果做成了，会减少未来可能出现的更多麻烦。或者做这件事，给其他人带来的困扰比较小。

1

如何服务不同性格色彩的旅客

漫长的飞行生涯中，面对航班延误、天气影响、餐食问题、人员受伤等诸多问题，不同性格的旅客所作出的反应大不相同；不同性格的旅客背后，一定有着不同的需求。

红色性格

红色性格旅客比较容易将自己的情绪和想法表露出来，同时也是最容易与人发生争执的类型。遇到航班延误，红色性格旅客极易受外界影响（拥挤的座位、闷热的客舱、无休止的等待起飞），就越发显得格外焦虑和烦躁，红色性格旅客情绪爆发出来，使他们更具言语的攻击性，使用投诉或是要求赔偿等方式表达强烈不满。

针对红色性格旅客需要打"亲情牌"。红色性格内心深处受情绪支配，让他们觉得同样作为乘务员的你比他们其实更可怜。你可能会以为最好的方式是面无表情地站在那里，任由红色性格对你长篇大论地指责，这样只会激怒红色性格的旅客，让事态往更不好的一面发展，本来只是嘴上说说，一下子变得坚定起来，这样你的工作就会变得很被动；反过来，主动给他们一个迅速而热情的解释，表示我们并没有把他们忽略，等红色性格平复心情后反而感谢你这么在意他的存在。

蓝色性格

蓝色性格旅客对自己的严格要求，导致也会对你的服务要求尽善尽美。面对难以下咽的餐食他会选择拒绝用餐，尽管你告诉他不同航段的餐食标准并不同。蓝色性格经常坐飞机，对于航空公司来说，他们是高端会员，只要令他稍感不爽，他会对历次航班出现的种种问题，包括地勤空勤所犯的细节错误一一的列举出来，以书信的方式告诉你们的高管，这份强有力的控诉状比简单的投诉要厉害得多，会让所有被波及的航空服务人员永世不得翻身。

与蓝色性格旅客打交道需突出"专业性"。蓝色性格心里有一本账，尤其是对待航班延误的问题上，不要惊奇于那些蓝色性格旅客对于延误问题描述得如此准确，因为在他选择你这趟航班时已经做足了功课，理所当然你应该适当夸赞他们记忆的准确。反过来，蓝色性格旅客好不容易精挑细选的航班，没想到一上来，关了舱门，机长通知，飞机需要原地等待 60 分钟或者更长时间，飞机排在 15 架之后，蓝色性格顿时崩溃。这个时候他把你喊过来，不断提问你发难于你，想从你那得到最满意的答复以求平复心中巨大的落差，这就需要你强大的业务知识；虽然不能让他烦燥的情绪得到缓解，但是你专业的业务知识、耐心细致的分析，再加上有意识地顾全他的自尊心这绝对会让蓝色性格印象深刻，航班结束后他会小声地对你说声"谢谢，辛苦了"，对你而言"如释重负"，对蓝色性格而言"温故而知新"。

如何服务不同性格色彩的旅客

漫长的飞行生涯中，面对航班延误、天气影响、餐食问题、人员受伤等诸多问题：

不同性格的旅客背后，一定有着不同的需求。

黄色性格：果断，坚定，不妥协，不达目的不罢休。

红色性格：热情开朗，乐于与人交往，天性情感丰富，勇于表达。

绿色性格：耐心，和谐，稳定，永远不愿与人发生冲突。

蓝色性格：计划条理，不愿秩序被打乱，喜欢暗示，不直接表达。

但是你的服务失败会让绿色性格改换门庭。

黄色性格

　　黄色性格缺乏耐心，对于效率和少花时间多办事的强烈追求，固执地认为航空公司在浪费他时间的行为是不能接受的，从而感到火冒三丈甚至出现过激行为。反过来，一个有实力，拥有航空背景的黄色性格，在登机的那刻起，会简单干脆地告诉乘务长——"如果延误时间长，我来打电话"，没想到如他所料，果真航空管制，机长告诉乘务组飞机排在第 8 架，预计 90 分钟，正当你打算向他求助的时候，他已经在那电话联系，没过 5 分钟，飞机竟然神奇地推出滑行。

　　与黄色性格旅客打交道需"围着他转"，快速反应他们提的要求。行业内，空姐描述某类人的奇葩有着惊人的相似，巨大拉杆箱，白衬衣上斜背挎包，戴着金丝边眼镜，一手抓《环球时报》，另一手抱毛毯枕头，坐下来赶紧要一杯白开水，把拉杆箱放过道中间，眼睁睁地看着空姐用她本已不堪重负的双臂搬动笨重的行李箱！很多事情不能满足他们时，比如餐食不够、毛毯枕头、座椅脏乱、客舱温度等等，就性格而言，黄色性格可能在不自觉的情况下，专注于自己的事情而把别人踩在脚下，他们是那样地关注自我，对于他人的情感和感受一概忽略！

　　解决这类问题你只要遵循最基本的两点：第一，他要什么，你赶紧给什么；第二，请记住！永远不要与黄色性格旅客发生争执，这样你会永无宁日！

绿色性格

　　在四种性格的旅客中，无疑绿色性格是最好"搞定"的，他们最怕人际关系发生冲突，他们最不可能大声争辩与争吵。新闻报道中，常有飞机延误的情况，作为航空公司的雇员们都知道，当有一大波人围着你剑拔弩张、龇牙咧嘴的时候，总有一小波人静静地看着你们等待着问题最后自动解决。

与绿色性格旅客打交道需多重视，"知心姐姐"多照顾。空姐们最担心的就是在推餐车过程中，由于过道狭窄不小心磕到了尊贵旅客的膝盖或是腿上。一熟睡的红色性格将脚搁置在过道，碰上飞机颠簸，空姐无力掌控好餐车不小心撞致红色性格，红色性格大喊一声，瞬间惊醒猛拍餐车并伴随着骂声，空姐花容失色连忙道歉。而你把绿色性格撞了，你可以当没事，他也可以当没事，不过，千万别忽略了绿色性格的家人、朋友尤其是一块乘坐飞机的同伴，绿色性格嘴上说没事，你想当然的把这事忽略了，而很有可能"东窗事发"，亲戚朋友跳出来打抱不平，所以在你没有搞清绿色性格周围是红、黄、蓝色性格之前，最保险的方法就是"一视同仁"。

绿色性格即便对你不满意，虽不会迁怒于你、投诉你，但是他会在众多航空公司竞争中选择一个令他满意的航班，你的服务失败会让绿色性格改换门庭，航空公司也就丧失了这些优质旅客导致造成损失，这里也告诉我们，一旦察觉在服务过程中他们有丝毫不满的地方，一定要向他们探寻究竟。

1. 对于他们所指出的问题，要有所反馈，他们会感激于我们的贴心，进而再次选坐我们的航班。

2. 不要因为表象，那些看起来温顺，觉得不需要重视，其实这类人无法获得他们满足，他们会静静地离开去坐其他航班。

2

不同性格色彩如何处理家庭矛盾

　　小孩想养一只小宠物，你偷偷给他买来后遭到妻子的强烈反对，你会怎么做？

　　从性格的层面来讲，不同的人对待这件事的本能反应和行为动机是不一样的。而矛盾产生的原因和恰当的解决方案，也会因夫妻双方性格的不同而有很大差异。首先我们想一下，红、蓝、黄、绿四种性格中，哪一种性格的人会擅自偷偷给孩子买宠物呢？

红色性格

　　红色性格追求的是快乐，做事感性，容易受情绪影响而冲动行事不计后果。当他看到孩子渴望小宠物时，爱孩子的情感及想让孩子开心的冲动，很可能让他在没有想清楚买了宠物以后的种种可能的麻烦和代价，明知道妻子可能不同意的情况下，先把事情做了再说，在那个瞬间，他会因为脑海里出现孩子即将表现出的开心画面而兴奋不已。

蓝色性格

蓝色性格，一向做事比较严谨，考虑问题也会比较周全，当他认为应该给孩子买宠物的时候，本能地会对此进行一番分析甚至调研，比如要买什么样的宠物比较好，在哪里买，买了以后怎么照顾等等问题，都会事先想清楚，所以蓝色性格不太会没和妻子商量好就冲动地偷偷把宠物买回家，如果这样做了，那他应该是比较有把握能说服妻子接受这个结果，或有相应的补救方案。

黄色性格

黄色性格做事果断，自信，目标明确，自己认定的事情不会轻易改变，同时不擅长关注别人的感受和情绪。当他认定应该给孩子买这个小宠物的时候，就自行决定去买了。和红色性格一样，他也不会太多考虑买回家后的麻烦，但是他的动机和红色性格不一样，红色性格是基于兴奋开心的感受，而黄色性格则是基于做正确的理所应当的事这样一个明确的目标。

绿色性格

绿色性格随和，很在意别人的感受，愿意成全别人，但有时候容易为此失去原则，还有点我行我素，当知道孩子很想要小宠物，而妻子可能不同意时，爱孩子的他很可能会偷偷买来，至于以后的事，就走一步算一步啦。

从上面的分析看出，红色性格和绿色性格比较容易做出擅自偷偷买宠物给孩子的行为，但动机略有不同，都是因为爱孩子在乎孩子的感受，但红色性格会更有冲动的成分，而绿色性格更多的则是随意。黄色性格也可能擅自去买，但那会是一种理直气壮、理所当然地买。蓝色性格是最不太会做出这种举动的人，而如果做了，那也是在有合理的理由且考虑充分的前提下去做的。

那么作为丈夫，买宠物的举动遭到妻子强烈反对以后，你该如何作为，才能使得妻子最终接受这个结果呢？

这就需要运用性格色彩中的"钻石法则"了。

首先，需要了解并分析妻子的性格，不同性格的人，对待同一件事可能会有截然不同的反应和行为，明白了这些差异，才可能有的放矢。然后，根据妻子的性格特点，找出最适合她的方式，达到更有效的沟通，才能避免"战争"升级，争取和谐的局面。

如果妻子是红色性格，那么最有效的方式应该是先关注她的感受和情绪，对她的情感要充分地予以安抚，比如给她展示小动物的可爱，比如让她一起想象孩子看到小动物会怎样的惊喜和开心，又比如赞赏她的能干勤快、她的善良爱心；然后再针对她反对的理由，找出适当的方案来解决，打消她的顾虑，比如她说很忙没有时间照顾，那么你就要赶紧表示自己会和孩子一起适当分担她的家务劳动。一般来说，只要把红色性格的情绪安抚好了，什么事情就都迎刃而解了，红色性格自会累并快乐着干活。

如果妻子是蓝色性格，虽然也需要安抚她的情绪，但这不是一件很容易的事情，蓝色性格不象红色性格那样情绪会在短时间内大起大落，而是需要一个过程；同时蓝色性格也是一个很讲道理的性格，她需要你用耐心细致周到的分析，以及切实可行的方案，打消她的种种顾虑（比如宠物的卫生，生病如何处理等细节），这样让她改变主意来支持你，一旦她认可并接受了你的做法，她自会在情绪上慢慢自我恢复。

如果妻子是黄色性格，她可能会对你的先斩后奏和对她的不尊重很愤怒，那么你首要做的不是安抚她的情绪，而是耐心地有理有据地摆事实讲道理，说明你这样做有很充分的理由，比如养小动物对孩子的成长如何有利等等，最好找出比较权威的文章和论据进行说明，黄色性格一旦意识到你说得有道理，会很快地改变态度，接受事实。不过如果你没能说服她，那么她会想办法影响你说服你，把

不同性格色彩如何处理家庭矛盾

小孩想养一只小宠物，你偷偷给他买来后遭到妻子的强烈反对，你会怎么做？

蓝色性格一向做事比较严谨，考虑问题也会比较周全。

从性格的层面来讲，不同的人对待这件事的本能反应和行为动机是不一样的。

黄色性格做事果断，自信，目标明确，自己认定的事情不会轻易改变。

红色性格追求的是快乐，做事感性，容易受情绪影响而冲动行事不计后果。

绿色性格随和，很在意别人的感受，愿意成全别人，但有时候容易为此失去原则。

小动物处理掉哦！

如果妻子是绿色性格，那你大可不必担忧了，因为绿色性格很随和，虽然她可能也不喜欢养小动物，但也不会因为你买回家来了而大动干戈强烈反对，而更可能的是想到既然孩子喜欢你也喜欢，那养就养了吧。

总结一下，对待红色性格着力的点是情，她心情顺畅了，什么事都好商量；对待蓝色性格和黄色性格则在性格道理上要着力讲明白，而这两者区别是，蓝色性格在情绪上的恢复是缓慢的，即使她明白你是对的，也需要自己慢慢调整自己的情绪，所以不要试图努力象对待红色性格一样因为你的几句话就让她眉开眼笑，而要在此后的相当长的时间里表现得更体贴。而黄色性格很理性，只要她认可了你的道理，事情就 OK 了。绿色性格的随和，不会给你造成任何困扰。所以，用适合对方的方式去对待她，就会让你事半功倍！

3

如何安慰不同性格色彩的悲伤

在中国的传统文化中，一直对死亡是充满敬畏的，常言道"死者为大"，就是这个意思。如果哪家有人去世了，周围人对他们会显出更多的关怀和宽容，情绪上的失控，非理性的行为都是可以被理解和原谅的。

红色性格

当红色性格悲伤时，情绪很容易失控，进入到极度的难过中。红色性格面对悲伤时，本能地想要逃开，可惜的是，悲伤的情绪犹如海浪扑面而来，猝不及防，令人窒息。红色性格悲伤时，特别需要找人来倾诉。这也成为了红色性格面对情绪问题的习惯性的解决办法。当然也有红色性格，会通过宣泄、哭泣的方式来试图将情绪释放掉。

红色性格，我们需要耐心倾听，给予感受上的充分认同。不要试图阻止他们情绪的释放，那样只会导致他们情绪的堆积。可以适当地鼓励他们用哭泣的方式来将负面的情绪释放掉。不要回避与他们谈论去世亲人的事情。当情绪释放的差不多时，再尝试转移他们的注意力。

蓝色性格

当蓝色性格悲伤时，内心的感受与红色性格并没有太大的差异。但是蓝色性格没有宣泄和倾诉的需求。因为蓝色性格不认为别人是可以接受自己这样的表达的。所以蓝色性格悲伤时，泪水在眼眶里打转，但不会轻易落下一滴。蓝色性格认为时间是疗愈悲伤的唯一方法。只要时间过得足够久，曾经冒血的伤口或许会结痂，最终愈合。

蓝色性格，我们需要的是留出足够的空间和时间。蓝色性格的情绪恢复相对要缓慢得多，我们必须要有足够的耐心来等待。同时，蓝色性格也并非绝对不会把自己的悲伤表达出来，当他们试图表达时，要给予反馈。

黄色性格

黄色性格对感受并非真的完全不在乎，只是绝对不愿意表露出来。他们擅长将自己的感受给压制住，所以会留给别人很坚强的形象。在黄色性格感到悲伤的时候，他们更愿意将精力花在那些需要他们高度注意的工作上，而不是在自己的感受中。让自己变得更忙，是黄色性格处理悲伤的常见手法。

黄色性格，不要试图脱掉他忙碌的外衣，他更加拼命地工作是他们舒缓自己情绪的途径。让他们参与到丧事的处理中，葬礼的仪式也能给予他们一些帮助。

如何安慰不同性格色彩的悲伤

如何安慰不同性格色彩的悲伤，先要了解不同性格色彩在面对悲伤时的差异。

黄色性格对感受并非真的完全不在乎，只是绝对不愿意表露出来。

在黄色性格感到悲伤的时候，他们更愿意将精力花在那些需要他们高度注意的工作上。

让自己变得更忙，是黄色性格处理悲伤的常见手法。

当红色性格悲伤时，情绪很容易失控，进入到极度的难过中。红色悲伤时，特别需要找人来倾诉。

倾诉是红色性格面对情绪问题的习惯性的解决办法。

当然也有红色性格，会通过宣泄、哭泣的方式来试图将情绪释放掉。

绿色性格面对悲伤也不可能做到无动于衷，只是他们不太知道该如何面对和处理悲伤。

当蓝色性格悲伤时，内心的感受与红色性格并没有太大的差异。但是蓝色性格没有宣泄和倾诉的需求。

因为蓝色性格不认为别人是可以接受自己这样的表达的。

蓝色性格认为时间是疗愈悲伤的唯一方法。只要时间过得足够久，伤口最终会愈合。

如果用一个字来形容悲伤：

红色性格的是痛，
蓝色性格的是伤，
黄色性格的是扛，
绿色性格的是堵。

绿色性格

绿色性格面对悲伤也不可能做到无动于衷，只是他们不太知道该如何面对和处理悲伤。如果一个字来形容悲伤，红色性格的是痛，蓝色性格的是伤，黄色性格的是扛，绿色性格的则是堵。当然这种差异，必须要用放大镜或者是极为亲密的人才能看得到。

绿色性格，帮助他们回忆与亲人在一起的时光，回顾过往的温暖，持续一段时间，绿色性格就能恢复过来。

如果你需要找人倾诉悲伤，你需要注意

第一，在倾述之前，请先确认对方是否方便，是否愿意。否则会给别人带来麻烦。

第二，找不同的人倾述同一个问题，会得到更多的建议和反馈，比单独地向同一个人倾述效果要好。

第三，当你的悲伤状态已经严重影响到你正常的工作生活了，你可能需要寻求专业的心理帮助了，而非找朋友倾述。

如果你需要找人倾诉悲伤,你需要注意

4

不同性格色彩老板怎样应对员工的加薪要求

员工和老板的身份不同，思考问题的角度也不同。史玉柱曾经在《赢在中国》中讲到，倘若让自己企业的员工每个人都按照百分比来评估自己对企业的贡献，那么每个人的百分比加起来将大于280%。意味着员工总是会或多或少的高估自己在企业发展中的重要性。 这可以解释员工总觉得自己的付出与收入不成正比，为了平衡这种感觉，有的会提出加薪，有的则直接提出离职，当然也有人会用辞职的方式来提出加薪。不同性格老板，对待此问题的方式也会有差异。

作为老板，都会评估这个人对目前企业的重要程度，然后再做出挽留或同意的选择。不同的老板，对人才的重要程度的评估，还是会有一些差别的。

红色性格

红色性格最看重的是这个人的团队合作能力以及与人沟通的能力。倘若这个人在与人沟通和打交道上都做得不错，那么红色性格会倾向于挽留。这是因为，红色性格担心如果这个人走了，会破坏目前团队的稳定结构，新入职的员工融入团队会造成更高的成本。当然红色性格更担心的是，如果这个人的人际关系很好，如果他走了，会不会带走企业的其他员工呢？相反，如果这个人的人际关系很差，红色性格更倾向于不留。

蓝色性格

蓝色性格老板看重的是这个员工是否是一个合格、不违反规章制度的员工。蓝色性格做老板，对于企业的规章和制度是非常看重的，他们认为完善规章制度既可以稳固企业的正常发展，又有利于人才的发展。如果一个人，经常迟到早退，不按照要求来，故意违反规定，那么这个人是没有前途的。当然蓝色性格对于制度的理解，不仅仅停留在本企业的内部，还包括社会规则上。

在蓝色性格老板心中，一个合格的员工就是一个完全约束自己的行为的人。这种约束不仅仅体现在工作中，在生活中也是如此。

黄色性格

黄色性格最看重的是员工的个人能力，一个个人能力突出的人才算是一个优秀的员工。黄色性格之所以会有这种观点是因为黄色性格自己本身就很擅长单打独斗。他们善于在没有机会的地方寻找机会，在没有条件的地方创造条件。一个能够仅仅靠自己就打出一片天地的人，黄色性格的老板是欣赏的。那种像算盘拨一下动一下的人，是合格的员工但远远谈不上优秀。

绿色性格

绿色性格眼中最优秀的人才，就是能够在他身边帮他出主意和解决问题的人。这个人或许不是公司业绩做得最好的，不是人缘最好的，不是效率最高的，不是最遵守规章制度的……只要他能够及时地出现在绿色性格身边，帮他解决困难，绿色性格就会给他一个大大的红花，然后称他一声"及时雨"。这是由于绿色性格天性中不喜欢做决定，不喜欢处理人际矛盾，也对收入没有过高的要求所决定的。

员工在公司业绩做得不错，而且别的公司要挖他，倘若公司不给他加薪，他就要跳槽。不同性格的老板，处理的手法不太一样。

红色性格

红色性格老板有两种结果，第一种，红色性格老板感到被威胁，自己情绪化了。那么红色性格会趋向于妥协。如果红色性格老板没感到被威胁，只是在提出自己的请求，态度很好。那么红色性格为了稳定目前的团队，会答应他的要求，将他留下。

蓝色性格

蓝色性格做老板，对自己的薪酬制度一般都是很满意的。所以蓝色性格会拒绝要求，让她另谋高就。但是回头，蓝色性格还是会反思自己的薪酬制度是否有调整的必要，从而避免此类问题的发生。

黄色性格

黄色性格会感觉到有人逼迫自己做出一个决定。黄色性格不会妥协于这个决定，但也不会拒绝。因为在黄色性格眼中，业绩能力突出也是一个很不错的优点。那么黄色性格会提出一个高于竞争公司待遇的奖金，只要有人能够完成目标，那么这个奖金就归他了。这样即跳出了设定的二选一的困境，又能重新夺回主动权。

不同性格色彩老板怎样应对员工的加薪要求

员工和老板的身份不同, 思考问题的角度也不同。

蓝色性格老板看重的是这个员工是否是一个合格, 不违反规章制度的员工。

在蓝色性格老板心中, 一个合格的员工就是一个完全约束自己行为的人。

不同的老板, 对人才的重要程度的评估, 还是会有一些差别的。

黄色性格老板最看重的是员工的个人能力, 一个个人能力突出的人才算是一个优秀的员工。

黄色性格的老板欣赏的是一个能够仅仅靠自己就打出一片天地的人。

红色性格老板最看重的是这个人的团队合作能力以及与人沟通的能力。

倘若这个人在与人沟通和打交道上都做得不错, 那么红色性格会倾向于挽留。

绿色性格老板眼中最优秀的人才, 就是能够在他身边帮他出主意和解决问题的人。

这是由于绿色性格天性中不喜欢做决定。

绿色性格

如果目前单位的效益还不错，那么绿色性格会答应，并希望他对此事保持低调。如果效益不好，绿色性格会很为难地告诉对方自己无能为力，反过来会求你来帮助自己。

处理以跳槽来威胁老板加薪的员工的两条原则

第一，自己要避免情绪化做出任何决定。留出足够的时间让自己冷静下来，再来考虑。

第二，马云曾经总结员工离职的原因有两条：首先是钱，给少了。再有就是心，冷了。所以挽留员工的方法，不一定全部要靠钱来解决。从员工的心理上着手，可能更加重要。

处理以跳槽来威胁老板加薪的员工的两条原则

第一，自己要避免情绪化做出任何决定。留出足够的时间让自己冷静下来，再来考虑。

第二，马云曾经总结员工离职的原因有两条：首先是钱，给少了。再有就是心，冷了。

老子不干了

所以挽留员工的方法，不一定全部要靠钱来解决。从员工的心理上着手，可能更加重要。

5

如何给不同性格色彩的人送礼物

　　中国素有礼仪之邦的美名，重视礼尚往来也是人之常情。人一生当中或多或少都有送礼的经历。当然这里所说的送礼，指的是正常的表达心意的那种。

　　本篇借助性格分析法的分类，针对性地做了一些梳理，帮助各位在这个问题上提供多一个角度和思路。不同性格色彩的人对于礼物的态度其实有着很大的差异，对礼物的喜好也是会有不同的。

红色性格

　　给红色性格送礼，送什么礼物是次要的，送礼的行为本身就会体现你对此人的重视和在乎，但从这一点来说，红色性格会很期待着有人来送自己礼物。在四种性格当中，红色性格是唯一对送礼会有所期待的颜色。当然，这样说并非是想告诉大家，随便给红色性格的人送什么东西都可以。红色性格还是希望你送给他的礼物是饱含心意的，而非敷衍了事的。这种礼物会让他们格外地能体会到你的用心。一位已经退休的老教授曾经跟我分享过，他曾经收到最令他感动的一个生日礼物，就是一份他出生当年的报纸。这个或许对于很多年轻的朋友们而言，找到十几年前的一份报纸尚且容易，那位教授已经六十多岁了，能找到六十多年以前的报纸，确实要花费一番功夫。

蓝色性格

蓝色性格是不会轻易接受礼物的，尤其是在职业关系上。虽然蓝色性格也会认为礼尚往来是中国的传统文化，但他们更愿意把这种送礼限定在亲朋好友的范围以内。但亲友若真想给蓝色性格送礼物，恐怕还需要寻思一下。蓝色性格最看重的礼物莫过于值得玩味，有底蕴的东西。有时候一本书、一幅画要远胜过水果、牛奶之类的"俗物"。

黄色性格

同蓝色性格一样，黄色性格对送礼也会比较小心。因为黄色性格本身就是一个目的性很强的人，同样会用这样的想法来看待送礼之人。黄色性格满脑袋都会不自觉地思考，你为什么要送礼物给他。大多时候黄色性格更加喜欢有实用意义的礼物，而非仅仅是能带来感受的物件。有学员曾经在课程上痛诉给黄色性格女友送生日礼物时，送了一束鲜花，最后被黄色性格女友臭骂一顿的悲惨经历。

绿色性格

绿色性格对礼物没有任何的期待，对送礼之人也不会有什么特别的看法。某种意义上，绿色性格更像是一个礼物回收站，基本上是来者不拒。但是绿色性格

如何给不同性格色彩的人送礼物

给红色性格送礼，送什么礼物是次要的，送礼的行为本身就会让他很开心。

给黄色性格送礼，一定要选用有实用意义的礼物。

给蓝色性格送礼，会让蓝色性格怀疑你有攀附关系、走后门的嫌疑。

给绿色性格送礼，基本上来者不拒，更像是一个礼物回收站。

有一个很有意思的特点是，绿色性格不太愿意花时间和精力来记住哪些礼物是谁送的，最后容易导致张冠李戴的事情发生。

怎样送给别人最贴心的礼物

第一，平时要细心留意对方的喜好和需求，才能在挑选礼物的时候拿捏得当。

第二，礼物是心意的表现，纯粹用金钱来衡量礼物的价值是非常偏颇的。

第三，送礼的时机和场合与礼物同样重要，切勿因为马虎而导致收礼人的尴尬。

怎样送给别人最贴心的礼物

附录：性格色彩奇妙卡牌

1

性格色彩入门卡牌介绍

性格色彩入门卡牌是性格色彩学院的研究中心历经 2 年时间开发而成的一套便携工具，是历年性格色彩专业工具里最重要的划时代的产品。它只有 12 张牌，可以轻松随身携带，是一套快速准确的知己识人神器。

价值点一： 可以帮助性格色彩初学者通过卡牌来回顾不同性格的优势和过当。四种性格优势过当各不相同，对于初学者而言常常会混淆不同性格的特点，而出现记忆和理解上的偏差。而当你拿起卡牌的那一刻，你会惊奇地发现你能通过一张卡牌的特点，自动联想起更多的特点。让记忆和理解都变得容易。

价值点二： 入门卡牌是一套完整的性格色彩测试题。你只需要 3 分钟的时间，即可领取到属于你的性格色彩。卡牌设计上通过卡通图画来表达不同性格的特点，生动而且形象。无论是几岁的小朋友还是不懂中文的外国朋友，都能够使用这套卡牌测试。测试完成后，只需要简单的计算即可得到精准的结果。

价值点三：无论是朋友聚会，还是拜访客户。卡牌可以帮助你打破沉闷的气氛，随时随地开展一场探索自我的旅程。帮助你在聚会上成为解读心灵的大师，也能帮助你成为客户眼中知人识人的高手。

价值点四：当你的朋友愁眉苦脸地来告诉你他最近心情不佳，也许是工作上与人发生了摩擦，也许是和家人的沟通不顺畅，又或者是恋爱中不明白对方在想些什么。这个时候卡牌即刻化身为咨询工具。通过摆放卡牌不仅仅可以让对方明白冲突是如何发生的，对方行为背后的动机，还可以从解读牌面的过程中找到化解危机的方法。

价值点五：探索自我和完善自我是每个个体的源动力。卡牌会帮助你了解自己性格上的优势，也能体现性格中的不足。夜深人静的时候来一场自己与自己的对话吧，看看这些年的得失，展望一下未来工作和情感的走势，然后带着满满的对未来的期待入睡。

价值点六：性格色彩卡牌是一套持续研发的工具包，性格色彩学院会持续不断地开发出更多的玩法和用途，用它预测、分析，甚至对战。让卡牌适用的场景和能解决的问题越来越多。当然，你也可以自行设计更多的玩法，成为性格色彩卡牌大师！

2

性格色彩卡牌的案例分享

卡牌的神奇自我认知

性格卡牌非常神奇，原来乐老师和我说这套卡牌有多神奇的时候我没觉得太神奇。但是回去后我拿到卡牌发现所有我不能理解的性格我全理解了。

回家后我分别测验了岳父母的卡牌，结果两个人的卡牌有很大冲突。我老丈人觉得自己是个喜欢分享的人，我丈母娘觉得老丈人是个内心保守的人。我丈母娘就说了他在家不说话，这时候我老丈人满脸通红发火了，我第一次看见他在家里发火。我突然发现性格卡牌太神奇了，原来我们理解的都是表象，而性格卡牌可以让我们理解真相。很多时候我已经把卡牌神化了，我非常相信它，在追随乐老师的时候我只相信一点"简单相信，永远跟随"，所以我完完全全相信卡牌，我每次有困惑的时候就会拿着卡牌询问。所有人的问题都和性格有关，所有性格问题都能通过性格色彩解决。

曾给一位大龄单身剩女做卡牌，她的分数是蓝14红13黄0绿1，她认为自己有蓝色性格的追求完美，也有红色性格的渴望激情，很难分辨出自己的真实性格到底倾向于哪一个。我提问："如果两个男人，一个男人符合你想要的所有现实条件，如年龄、职业、身高、长相、家庭背景、经济收入、生活品味等等，但没有激情，另一个男人什么都没有，但总能给你制造惊喜和浪漫，很有激情，你会选择哪个？"她黯然道："其实在过往恋爱中我总是选择后者，但他们都不能给我稳定和长久的感觉，所以分手了。"我追问："那你为何不尝试前者？"她说："其实家人朋友给我介绍的都是前者，我也试着跟他们见面，但见过一两次之后就实在不想再见了。"我问："那你现在觉得什么对你最重要呢？"她说："还是激情吧，这个人一定要唤起我的这种感觉，否则再好的人我也无法接受。"……经过两个小时的讨论，她终于发现之所以择偶困难是因为她把所有的评判标准用感觉来替代，也许那些只见过一两次的男人在后续的交往中随着相互的了解，防御的打开，是可以给她感觉和共鸣的，但她没有给对方机会，也没有给自己机会。

一位离婚多年的朋友始终放不下前夫，我给她做卡牌，让她选出她心目中前夫的性格特点，结果是蓝色性格，她和前夫还有联系，把卡牌寄给前夫去做，得回的结果是红色性格。对比两套不同的答案牌面，再让她回忆当初发生的种种冲突，我们共同分析，发现她把前夫情绪化时候的不讲话，误认为是蓝色性格的需要安静独处，而没有给到前夫想要的沟通和情感交流，又因为她自身的黄色性格过当，一时强调要前夫坚强、勇敢、上进、奋斗，让前夫感到孤立无援，有负面感受也不敢释放，从而更加封闭自己。卡牌做完，她给前夫写了一封很长的道歉信，决定放下过去，好好修炼自己，迎接新的爱情。

卡牌帮我走出情感迷宫

女孩儿是黄色性格，是一个比较高端的婚礼公司的老板，男孩儿是红色性格，算是这个黄色性格的女人的下属，无论从职位、收入、成就，还是家庭背景，据我所知黄色性格的女人要比红色性格的男人有明显的优势。

首先这两个人都彼此相爱，但是由于黄色性格的女人的性格压迫感很强，在生活中无论大事小事都会占主导的位置。哪怕两个人在地下车库停车，黄色性格的女人也会执意要让红色性格的男人停在自己想停的位置。一些大事情更是轮不上这位红色性格的男人做主。由于他们每天在一起工作，在婚礼现场的时候我也经常遇到他们两个人同时出现，基本上每次我洞察到的他们的对话，这个黄色性格的女人对他的红色性格的男朋友的语气措辞都会有很强烈的压迫感，因为我本人也是红色性格，当我在旁边听到她和她男朋友的对话也是非常不舒服的，如果那种说话的方式是常态的话我会感觉压迫和自卑。

而每次对话，我都能感觉到红色性格的男人表情中的那种尴尬，因为作为红色性格的男人来讲，在那一刻他会觉得非常没有面子。私下的时候我作为朋友的角度也和这位黄色性格的女人聊过，和红色性格的男人的沟通方式应该稍加改变，可是她给我的回馈是：我为他好，才会这样。因为在这个黄色性格的女人的心里面两个人要在一起，就应该共同努力，应该把公司做得越来越好。可是她觉得这个红色性格的男人每天状态很松散，上班的时候经常玩手机游戏，黄色性格的女人和红色性格的男人很严肃地讲过不要在上班时间玩手机，那样就没办法管理其他的员工。但是有一次黄色性格的女人居然发现红色性格的男人在厕所里面待了很久，一直在玩游戏。所以黄色性格的女人觉得红色性格的男人很不上进，就经常批判红色性格的男人的行为，为了"锻炼"红色性格的男人，还经常把很重要的事情交给他，做不好就继续批判。

日子久了，这个红色性格的男人感受到的压迫感越来越强，于是他们俩的关系近半年一直很敏感，就在前几天和黄色性格的女人提出了分手。分手的理由很令人诧异：这个红色性格的男人竟然卖掉了房子，投资一个所谓的项目，后来这个黄色性格的女人了解到，这是一个非法融资的传销组织，可是黄色性格的女人和红色性格的男人的爸妈怎么劝说也毫无意义，红色性格的男人执意要做。他和黄色性格的女人说："我很爱你，但是在你面前我觉得我一点儿也不像一个男人，你的各方面都比我好，在你眼里我什么都不行，我这次就行一个给你看看！"昨天这个黄色性格的女人和我聊了整件事情的来龙去脉。其实从这件事情上我们应该很明确地知道这个案例是一个很明显的红色性格的男人在黄色性格女人长期的压迫之下，导致的强烈的自卑，最后为了证明自己而走上了一条前景并不乐观的道路，也导致结束了 5 年的恋情。可是在昨天我和这位黄色性格的女人聊天的时候，她自己似乎都没有察觉到她的性格存在着很严重的问题。而且她认为她所做的一切都是为了红色性格的男人好，希望他上进，希望他有一天能比自己强大，分手就分了吧，她觉得红色性格的男人不会找到一个比她更好的了，她觉得自己肯定会比以前更幸福。但是她自己不知道她所谓对对方好的这些方式对于一个天生情绪容易受外界影响的红色性格来讲，是一件多么苦恼的事情。

昨天她和我讲完这些事情，我用性格色彩卡牌为她测试，测试之前我和她讲，我说你不用测我也知道最终结果是什么样。刚开始她很不屑，她觉得这就是小孩儿游戏，但是测出之后她也很诧异，黄色性格卡牌分数明显多于其他三种颜色，黄色性格为 18 分绿色性格为 0。她问我这代表着什么呢？我和她讲：其实不测试的话，以我对你的了解，我也知道你是一个能力非常强的人，你的内心也足够强大，这个分数也非常符合你，可是他的能力和你并不在一个段位上，你那样高标准的要求，他是不太能接受的，这是性格的问题。如果你的这些对他好的方式用在一个和你同样性格的人身上，也许就没有问题。可他不是。她问我：我学性格色彩就能知道这些吗？我说当然可以。通过用卡牌影响她，这个黄色性格女孩儿也开始怀疑自己了。虽然还没有决定去上课，但是她心里已经开始觉察到自己的问题了，而且非常认同卡牌测试出的结果。后期我会继续影响她。

卡牌帮我准确地定位了职场道路

这个男孩儿是每天在我主持的时候放音乐的小助理，叫强哥，今年 24 岁。所有性格色彩的传道者都知道原生态绿色性格真的是"宝贝"，因为这种性格的人真的不是特别多。他跟在我身边已经一年的时间，之前我就认为他身上有很重的绿色性格，但是我想也许是因为他是我的助手所以才是绿色性格而已，但是通过最近一段时间的洞察和追问，我觉得他应该是一个原生态的绿色性格，辅色有一些红。但是后来给他卡牌测试的分数，绿色性格有21分，还有一点红。以下是我洞察到的一些行为。

1. 每次定好时间到我家集合，没有一次我能听到他的敲门声，敲门的声音总是那么地"轻"，至今也是如此，有好几次他在外面敲了很久的门我才听到，出去之后我问他："你在门外多久了。他用那总是慢半拍的节奏回应我大概五六分钟吧。"我说你怎么不给我打电话或者大些力气敲门呢？他慢条斯理地说："也没有着急的事，您听见不就给我开了吗……"这个问题至今存在。

2. 有一次中午我们工作结束后就分开了，直到晚上10点的时候，他给我发微信问："老师，您回家了吗？"我说："回了啊。"他说："我把家里的门钥匙落在您的车上了，我现在过去拿。"（他家离我很近）我说："你是什么时候发现的？"他说："中午就发现了。"我追问："为什么中午你不给我打电话？如果我回来得早或者路过你那儿不就给你送过去了吗？"他憨憨地说："我没想让您给我送，我就想晚上等您回家我去拿就好。"后来我才知道，他由于没有钥匙自己在网吧坐了8个小时，而且并不是被网吧的游戏所吸引，动机就是怕给我添麻烦。

3. 工作上完全属于推一推，动一动的类型。在我的主持中经常会挑选一些新的乐曲，我告诉他这两首乐曲今天的婚礼会用，他点点头："哦，好。"过了几天，在婚礼现场我又告诉他，前几天用的那两首乐曲今天还用，他又点点头："哦，好。"可是过去了半个多小时，婚礼快开始了，我看到他还对着笔记本电脑好像在找什么，我才知道那两首乐曲他找不到了，如果我不问他，他也不吭声。婚礼结束后，我说我不是说那两首乐曲要常用吗？你是不是应该把它的备注名改掉并归纳到常用的文件夹里，这样下次不就很快会找到了吗？他依然点点头："哦。"

这种事情经常发生，后来我追问："我每次批评你会不会有情绪？"他淡定地摇摇头："没什么情绪。"

4. 前一段时间，我在公众平台每天都会发一分钟的语音，说说感受、收获什么的。他看到也学着做，但是他知道自己嘴上的功夫不是很好，于是就在朋友圈每天晚上写一段文字。可是后来我由于琐事太多，没有坚持下来。可是他的朋友圈，每天都发一条长长的文字，已经坚持了半年多了，每天都会用 30—40 分钟编写。我问他："你为什么坚持？"他淡淡地说了一句："习惯了吧。"

后来这个男孩做了泰康人寿保险的电话销售，在那个环境里面他的性格显然非常吃亏。前三个月一单都没有开。但是他没有感觉到太多压力，因为每个月还有一些底薪。于是我和他聊到，我说你要学习性格色彩，修炼你的性格，做了卡牌测试之后，他对绿色性格为主色的结果完全认同，他自己也觉得很有意思。于是就开始每天和我讨论性格色彩的知识。我说你应该多修炼一些红色性格的开朗和黄色性格的目标感，不然在电销保险行业你是没有优势的，现在大概有两三个月的时间，他修炼得已经非常好，在他单位的小组里面已经是小核心了，大家都很愿意和他接触，不再是一个集体当中可有可无的角色，而且由于目标感变强，也在陆续开单，收入也提高了。虽然他没有进入过性格色彩的课堂，但是由于经常和我在一起，耳濡目染，自己也在修炼。而且他很明确地表明，由于刚出来工作，没什么钱，有了积蓄就去系统学习性格色彩，这只是时间的问题。

3

性格色彩学院课程介绍

性格色彩学院，在乐嘉老师的带领下，一直致力于研究、培训和推广"FPA性格色彩学"这一风靡国内的实用心理学工具。学院面向喜爱和立志传播性格色彩的朋友开展两类课程：一类是专业课程，分为读心术－进阶－高阶三个阶段；一类是演讲课程，包括跟乐嘉学演讲课程。

性格色彩读心术课程——看谁看懂，想谁想通（2天）

性格色彩进阶课程——修炼自我，影响他人（3天）

性格色彩高阶课程——助你成为指引人心的高手（4天）

性格色彩演讲课程——跟乐嘉学演讲（5天）

无论你是演讲菜鸟还是演讲达人，这门课程化腐朽为神奇，让你在舞台上有超凡魅力，走上超级演说家之路，成为即兴说话的高手。这也是目前唯一由乐嘉老师亲自传授的演讲课。

突破自身演讲局限——你所有演讲的优势和局限都与你自身的性格有关，洞悉性格奥秘，可以帮助你成为更好的演讲者。

塑造你的演讲风格——不同性格的演讲者适合的演讲方式及套路不同，唯有这门课程，可以根据你的性格为你量身打造属于你的演讲风格。

乐嘉官方微信（lejiafpa）

FPA 性格色彩

性格色彩奇妙卡牌

更多详细介绍，请查阅性格色彩学院官方网站。

课程咨询电话：400-085-8686（您可以电话预约参加全国各地的免费沙龙，也可以加盟到传播性格色彩的事业中来。）